MDF醛类有害物质控制技术研究

沈 隽 冯 琦 Martin Ohlmeyer 王敬贤 著

U0321978

科学出版社

北 京

内 容 简 介

本书系统地阐述了人造板醛类化合物释放的机理和控制机制，介绍了一种适合人造板醛类和其他有害气体检测的快速测试方法，并对其与环境舱测试法的相关性进行分析；在此基础上，从物理吸附和化学处理两种方式中筛选出更为有效的 MDF 醛类释放控制方案；探讨了施胶量、板坯含水率、抗氧化剂添加量及协同作用等因素对 MDF 醛类释放的影响，并综合考量材料甲醛释放量、物理力学性能等指标，基于响应面法优化出控制 MDF 醛类释放的生产工艺，从生产源头上控制 MDF 挥发性有机污染物释放，提高产品环保性能和室内空气质量。

本书可作为木材科学与技术、家具与室内设计等领域科研院所研究人员及高等院校相关专业师生的参考书，同时也可作为纤维板生产、检测等相关工作人员的参考书。

图书在版编目（CIP）数据

MDF 醛类有害物质控制技术研究/沈隽等著. —北京：科学出版社，2016.10

ISBN 978-7-03-050095-3

Ⅰ. ①M… Ⅱ. ①沈… Ⅲ. ①纤维板–有害气体–醛–空气污染控制–研究 Ⅳ. ①TS653.6

中国版本图书馆 CIP 数据核字（2016）第 233593 号

责任编辑：张淑晓 李 洁 / 责任校对：彭珍珍
责任印制：张 伟 / 封面设计：耕者设计

科学出版社 出版
北京东黄城根北街 16 号
邮政编码：100717
http://www.sciencep.com

北京九州迅驰传媒文化有限公司 印刷
科学出版社发行 各地新华书店经销

*

2016 年 10 月第 一 版 开本：720×1000 1/16
2017 年 1 月第二次印刷 印张：7 3/4
字数：156 000

定价：68.00 元
（如有印装质量问题，我社负责调换）

前　言

　　室内环境质量问题普遍受到人们的重视，人造板作为室内装饰装修的主要材料，其释放的挥发性有机化合物已经成为室内空气污染的重要来源。据统计，我国每年由室内空气污染引起的死亡人数已达 11.1 万。然而，人造板释放的挥发性有机化合物各组分的来源尚不十分清楚。因此，研究人造板挥发性有机化合物释放原理和控制机制，从源头上控制挥发性有机化合物的释放，是改善室内空气质量的重要措施。

　　本书系统阐述人造板醛类化合物的来源与释放机理，基于此理论提出人造板醛类化合物释放控制技术的可行性方案；开展人造板醛类化合物及其他挥发性有机污染物的环境释放舱测试法（23L 和 15L）和快速测试法的研究，解决 1m³ 环境舱的测试成本高、周期长和设备维护复杂等问题；针对人造板醛类化合物释放量高的特点，开展物理吸附和化学处理人造板的醛类释放控制技术研究，分析工艺参数和抗氧化剂协同作用对人造板醛类和非醛类化合物释放的影响作用，建立基于生产工艺参数和抗氧化剂协同作用的人造板环保生产工艺，从源头上控制人造板醛类及其他有机污染物的释放，为人造板的清洁生产与安全使用提供建议，有效解决速生木材高效利用中的环保问题，提升我国家具产品国际竞争力。

　　本书共 5 章。第 1 章，绪论，由沈隽、冯琦、王敬贤编写；第 2 章，欧洲赤松醛类释放原理及控制方法，由冯琦、沈隽、王敬贤编写；第 3 章，MDF 醛类释放物的检测，由冯琦、沈隽、Martin Ohlmeyer 编写；第 4 章，MDF 醛类释放控制技术研究，由冯琦、沈隽编写；第 5 章，抗氧化剂降低 MDF 醛类有害物质释放的优化工艺，由沈隽、冯琦、Martin Ohlmeyer 编写。

　　本书得到了国家自然科学基金项目"人造板挥发性有机化合物快速释放检测与自然衰减协同模式研究"（31270596）和"室内装修材料挥发性有机化合物释放安全性评估与材料选用决策模型的研究"（31070488）的资助。

　　限于作者水平和时间，书中疏漏和不足之处在所难免，恳请读者指正。

著　者
2016 年 8 月

目　　录

第1章 绪 论

20世纪70年代以前，有关民居和非商业工作环境空气质量的研究报道还极为少见，人们对室内空气质量的关注度也不高。即便在今天，大多数公众仍然认为室外空气污染的危害远大于室内空气污染的危害。然而，美国的居民调查数据显示：人们在室内停留的时间、用于开车的时间和消磨于室外的时间分别约占总花费时间的88%、7%和5%，这表明室内空气品质对人体健康的影响作用远大于室外空气质量。

一方面，随着社会经济的发展和环境意识水平的逐步提高，人们对室内环境品质的要求不断增强，室内装修所用的材料和种类也越来越多，但由装饰或装修所引发的室内空气污染问题随之而来。若装修过程中使用含有大量有害物质（如甲醛、苯系物等挥发性有机化合物等）的装修材料，其在使用过程中会长期释放出挥发性有机化合物（volatile organic compound，VOC），当VOC在室内累积至一定的浓度时，其对人体健康的不利影响便会突显出来，如出现失眠、皮肤过敏等不适症状，这将直接影响工作效率及生活质量。另一方面，近几十年为了提高能源效率，民用建筑的设计、结构和管理方式均发生了较大的变化，使得现代民居和办公室的气密性大大提高，室内换气通风率由旧式民居的1次/h降低至0.2～0.3/h。这一改变虽使人们感觉更为舒适，但带来了室内空气流通不足的弊端，从而造成了室内建筑装修材料所释放的有机物浓度过于集中，导致室内空气污染程度比室外大气污染还要严重。因此，室内空气污染问题将成为21世纪人们面临的主要环境污染问题之一。

由于我国新建筑建造速度较快，且作为室内主要装修材料的人造板的VOC释放限量标准缺乏和产品质量监管不到位，我国室内空气污染程度较发达国家要严重得多。例如，我国现行《室内装饰装修材料 木家具中有害物质限量》（GB 18584—2001）在挥发性有机化合物方面，仅对木质家具中甲醛释放量和测试方法进行了限量与规定，而对影响室内空气质量的苯系物、醛酮类化合物以及总挥发性有机化合物（total volatile organic compound，TVOC）却没有制定释放限量及相应的测试标准。

近些年来，人造板已成为我国和发达国家装修用材和家具用材的主力军，控制人造板VOC的释放、改善室内空气环境已成为国内外相关领域学者研究的热点。而探讨人造板VOC释放的途径、VOC污染产生机理和控制机理是这一研究热点的主要任务。

1.1 VOC 释放

1.1.1 VOC 定义和分类

世界卫生组织（World Health Organization，WHO）根据挥发性有机化合物的沸点将其分为四类，见表 1-1。

表 1-1 挥发性室内空气污染物分类

类别	简写	沸点/℃	吸附介质
易挥发性有机化合物	VVOC	<0 至 50~100	活性炭
挥发性有机化合物	VOC	50~100 至 240~260	Tenax 或活性炭
半挥发性有机化合物	SVOC	240~260 至 380~400	聚氨酯泡沫材料或 XAD-2
颗粒状有机物	POM	>380	收集过滤器

从 WHO 对 VOC 的定义可以看出，VOC 是针对室内环境中存在的具有挥发性的有机物进行分类的。德国 DIN ISO 16000-6 标准参照 WHO 对 VOC 范围限定，认为 VOC 是指沸点范围从 50~100℃到 240~260℃之间，室温（25℃）下饱和蒸气压超过 133.32Pa，以蒸气形式存在于空气中的一类有机物。正己烷（C_6）到正十六烷（C_{16}）之间（包括 C_6 和 C_{16}）被 Tenax TA 吸附采样，能被火焰离子化检测器（FID）或质谱检测器（MS）检测，同时能在色谱图中根据甲苯色谱图面积定性分析的 VOC 的总和称为总挥发性有机化合物。能被表 1-1 中介质吸附的所有有机化合物沸点高于正十六烷（287℃）的为半挥发性有机化合物（SVOC）。

由于常压下某些化合物在达到沸点之前已经分解，难以检测到该类化合物的沸点，因此美国材料与试验协会（ASTM）、美国国家环境保护局（EPA）、国际标准化组织（ISO）和德国标准化学会（DIN）等国际知名机构对挥发性有机化合物定义的范围有所不同。

一般室内环境中含有百种以上的 VOC，常见的 VOC 种类有苯系物（甲苯、二甲苯和对二甲苯）、萜烯类、醛类等。2001 年调查赫尔辛基居室和工作场所的有机污染物，共发现 323 种 VOC，我国居室的空气检测中检出的 VOC 共计 256 种，按这些化合物的化学结构可进一步分为 8 大类：烷类、芳烃类、烯类、卤烃类、酯类、醛类、酮类和其他化合物。

1.1.2 室内空气污染

室内空气质量对长期暴露其中的居民身心健康具有重大影响。如何衡量评估室内空气污染状况、提高室内空气质量、创建健康舒适的人居环境，已成为相关部门的责任。由于建筑材料中含有大量挥发性的苯、甲苯、己酸、挥发性盐类、甲醛等，因此室内空气质量与室内装修装饰产品有害物的释放具有直接联系。

Hodgsen 等研究了新居室内环境中 VOC 污染来源，发现：室内结构及装饰中频繁使用的人造板释放的挥发性有机化合物增加了室内空气中的 VOC 浓度，VOC 种类以萜烯、醛类、烷烃、芳烃类化合物为主。Lux 等研究石勒苏益格-荷尔斯泰因州室内空气成分，发现：芳烃类、萜烯、醇类和乙二醇衍生物为 VOC 的主要成分，其中萜烯所占比例超过 50%，萜烯和烷烃是造成室内空气 VOC 浓度增加的主要挥发性有机化合物。

1989～2003 年，Hott 等研究了 940 所房屋室内空气 VOC，其统计结果分析表明：脂肪族和芳香烃是室内 VOC 的主要组分，甲苯等挥发性有机化合物浓度有所下降，而不易挥发的化合物的浓度有所增加，如十五烷，同时发现室内空气中萜烯浓度也有不断增加的趋势。

Hodgsen 等对比了环境湿度大的新建筑物和美国东南部温度较高的新建筑物的室内空气 VOC，发现：在这两种不同条件下室内空气中主要挥发性有机化合物成分是 α-蒎烯、甲醛、己醛和乙酸，乙烯乳胶漆和地板用胶合板是主要释放源；在为期八个月的研究测试中，乙酸的浓度有所增加，甲醛和其他醛类排放率几乎没有变化。他在之后的研究中明确了萜烯和醛类释放的主要来源为地板用胶合板。

1.1.3 木材和中密度纤维板中 VOC 的释放

Uhde 和 Salthammer 认为，木材和木质材料主要包含两种形式的 VOC 释放。一是直接从木材和木质材料中释放的 VOC，也称首次释放（primary emission）；二是无挥发性或低挥发性木材组分的水解、热解或氧化等化学反应所释放的 VOC，即二次释放（secondary emission）。两种分类方式包含的主要挥发性有机化合物见表 1-2。

表 1-2 天然木材典型的挥发性有机化合物成分

木质材料释放的 VOC	化学反应释放的 VOC
α-蒎烯	甲酸
β-蒎烯	乙酸
Δ3-菥烯	甲醛
月桂烯	甲醇
柠檬烯	乙醛
β-水芹烯	丙醛

续表

木质材料释放的 VOC	化学反应释放的 VOC
γ-油松烯	戊醛
α-异油松烯	己醛
松油醇	己酸
p-伞花烃	壬醛
小茴香醇	
各种 SVOC	

1. 首次释放的 VOC

萜烯是木材和木质材料中首次释放的 VOC 的主要成分，见表 1-2。萜烯释放在种类和数量上都不同于其他类型的 VOC 的释放。针叶材生材释放的萜烯化合物以单萜烯为主，如 α-蒎烯、β-蒎烯、Δ3-蒈烯、柠檬烯等，其比例占树脂质量的 0.5%～2%。Aehling 和 Broege 调查发现：萜烯在欧洲赤松边材和心材中的含量不同，在心材中的含量比在边材中的含量要高，而当地的落叶松木材树脂中却含有极少的萜烯。Baumann 等比较了针叶材和阔叶材压制的中密度纤维板（MDF）的萜烯释放，结果发现：针叶材板材中萜烯的释放量明显高于阔叶材板材（表 1-3）。

表 1-3　两种人造板在 48h 后萜烯的单位面积释放量

化合物	$SER_a/[\mu g/(m^2 \cdot h)]$	
	针叶材-MDF	阔叶材-MDF
α-蒎烯	42	9
莰烯	3	未检出
β-蒎烯	72	3
Δ3-蒈烯	78	3
p-伞花烃	28	未检出
柠檬烯	50	未检出
右旋龙脑	11	未检出
总萜类	284	15

萜烯释放量随着木材处理程度加深而减少。因此，在由针叶材压制的人造板中，刨花板和纤维板释放的萜烯相对较少，而定向刨花板、胶合板、实木复合板和实木板材释放出的萜烯化合物相对较多。Sundin 等研究了相同厚度的不同种类人造板的萜烯化合物释放量，发现：同样是 16mm 的人造板，定向结构刨花板（OSB）板材

的萜烯释放量是 MDF 板材的萜烯释放量的 5 倍以上。Uhde 和 Salthammer 通过实验证明：纤维板释放的萜烯浓度随着测试时间的延长而显著变化；同时，在较大的装载率和低气体交换率的条件下，针叶材压制的胶合板和 OSB 的萜烯释放量较大，并具有明显的气味。此外，经自然干燥和人工干燥后的木材，其释放的萜烯的数量和种类都会有所下降，但这一现象也会因木材特异性而发生差异性变化。

2. 二次释放的 VOC

羧酸和醛类是二次释放的 VOC 的典型代表，其释放原理是，木材树脂中某些有机物参与化学反应而形成了具有挥发性的有机化合物。虽然萜烯的释放居阔叶材 VOC 释放的主导地位，但醛类的释放同样对阔叶材 VOC 的释放具有重要影响。Marutzky 研究发现：随着木材的水解或热解反应的发生和反应程度的深入，醛类的释放量也不断增加。Uhde 和 Salthammer 的研究表明：生材压制的 OSB，除了单萜发出气味外，还有戊醛、己醛和己酸散发出恶臭味。Baumann 等比较针叶材和阔叶材压制的 MDF 的醛类释放，结果发现：戊醛、己醛、苯甲醛和庚醛是检测到的较为常见的醛类（表 1-4）。这些醛类具有较低的阈值，累积到一定浓度后使暴露于室内的人们感觉到令人不快的气味，对健康产生不利影响。

表 1-4 人造板在 48h 后醛类的单位面积释放量

化合物	SER$_a$/[μg/（m^2·h）]	
	针叶材-MDF	阔叶材-MDF
戊醛	82	89
己醛	851	1245
庚醛	21	7
苯甲醛	55	3
辛醛	34	13
辛烯醛	41	36
壬醛	32	12
其他醛类	8	5
总醛类	1124	1410

由此可见，醛类（丙烯醛、戊醛、己醛、庚醛、壬醛等）是由不饱和脂肪酸的热氧化或自氧化反应形成的降解产物，因此醛类的释放量取决于木材中不饱和脂肪酸的含量。

1.1.4 MDF 中甲醛的释放

甲醛又称蚁醛，具有强烈刺激性气味，常压下是一种高活性气态无色化合物。

甲醛的嗅阈值为 0.06～1.2mg/m³，眼刺激阈值为 0.1～0.5mg/m³，甲醛是一种来源广泛的空气污染物。

中密度纤维板中甲醛释放来自以下四个方面：胶黏剂合成中未参与反应的游离甲醛，热压时未完成固化产生的甲醛，热压、储存与使用中不稳定基团分解产生的甲醛和木材化学变化过程中释放的甲醛。本书主要介绍后两种来源产生的甲醛。

1. 热压、储存与使用中不稳定基团分解产生的甲醛

中密度纤维板在使用时会受到温度、湿度、风化、光照等环境条件的影响，使得板材内部未完全固化的脲醛树脂发生降解而释放甲醛，完全固化的树脂也会因恶劣条件而分解导致甲醛的释放。板材在使用过程中，芯层热压后未完全胶联的树脂发生的裂解、水解或热分解的—CH₂—O—CH₂—、—CH₂OH 的进一步反应，同样会有甲醛释放。研究发现：使用过相当长时间的板材的甲醛释放量与刚热压后的同类板材的甲醛释放量相差不多，其原因便在于此。

2. 木材化学变化过程中释放的甲醛

中密度纤维板的原料中 90%左右为木材，木材的主要化学成分如图 1-1 所示。

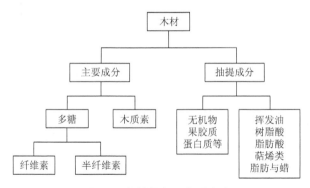

图 1-1　木材的主要化学成分

木材抽提物、木质素、纤维素和半纤维素均能通过化学反应产生游离甲醛，而在木材抽提物中也可以直接检测到甲醛。研究表明：纤维素的热解、水解作用能够引发甲醛释放量的大幅度增加。

研究证明：甲醛的主要来源是木材抽提物，树脂酸如松香酸释放的甲醛远高于脂肪酸；其次为木材三大主要成分纤维素、半纤维素以及木质素。木材中的多糖类物质在木材干燥过程中，如己糖在酸性条件下可以降解成氧甲基糖醛，进一步分解为甲醛和糖醛（图 1-2）。木质素在酸性条件下也会释放甲醛，木质素降解产生的甲醛比半纤维素和纤维素多。

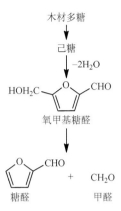

图 1-2 木材多糖形成的甲醛和糖醛

梅长彤等用穿孔法对杉木、马尾松、杨木、柳桉和水曲柳进行萃取，结果表明：杉木甲醛含量为 2.01mg/100g，马尾松为 2.55mg/100g，杨木为 1.17mg/100g，柳桉为 1.43mg/100g，水曲柳为 3.28mg/100g。Schafer 指出，甲醛的主要来源是木材抽提物，木材主要成分纤维素、半纤维素、木质素是甲醛的潜在来源，但在 40℃条件下甲醛释放量很少，高温条件下甲醛释放量相对较多。

1.2 人造板 VOC 控制技术研究现状

室内空气污染物的控制主要有源头治理、通风换气和室内空气净化三种途径。增强通风能有效降低室内空气中 VOC 的浓度，但同时不可避免地会增大空调系统的新风量处理和能源消耗。美国供热制冷与空调工程师协会（ASHRAE）曾提出既满足室内人员健康又满足装饰装修材料污染物散发的双重新风量加和确定值，而欧洲人认为更换节能环保的室内建筑装修材料比增加室内换气量（即新风量）更为经济，故而类似的建议不被他们接受。然而，通风条件受到室外噪声污染、雾霾污染和节能减排等因素的制约。因此，通过增加室内空气换气量，即通风换气的方法不能成为控制室内空气质量普遍推广的途径。

空气净化是控制室内 VOC 污染的辅助手段。目前主要的空气净化技术有吸附净化、离子化、光催化氧化等，其中，吸附法的原理是通过有多孔性、比表面积大的材料吸附去除室内空气中的 VOC，常用的材料有活性炭纤维、硅胶、沸石等。吸附法的缺点是容易因吸附材料达到吸附饱和而失效，而且可能形成二次污染。离子化法是基于电离等技术产生高能离子，利用该离子具有的强氧化性，降解消除 VOC。其缺点是离子化过程中会产生对人体有害的臭氧。光催化氧化法是利用 VOC 在催化剂上发生光化学作用而将 VOC 降解消除的方法，缺点是可能产生比原来 VOC 毒性更大的副产物。此外，应用空气净化和通风换气途径一样存在能耗问题。

与通风换气和空气净化相比，源头控制被世界卫生组织推荐成为室内 VOC 污染最好的控制方法。随着室内设施逐渐现代化的装修热潮以及为了节约木材等稀缺资源而在居室装饰装修中大量使用中密度纤维板等人造板，人造板成为室内挥发性有机化合物的主要来源。因此，研究人造板 VOC 释放控制原理和方法，开发低释放人造板产品对提高室内空气品质具有重要意义。

人造板 VOC 的释放与板材制造的原材料（如树种、单元形态、干燥工艺、处理程度等）及生产工艺（如胶黏剂种类、板坯参数、热压条件、后期处理等）密切相关。其中，人造板工业最常使用的脲醛树脂胶黏剂，因具有胶黏性能优良、价格便宜、易于储存等优点而被广泛使用。据报道，日本 80% 的胶合板和 100% 的刨花板、德国 75% 的刨花板、英国 100% 的刨花板均使用脲醛树脂，我国也有 80% 以上的人造板使用脲醛树脂作为胶黏剂。甲醛和尿素是制备脲醛树脂的原料，因此人造板在室内使用过程中会释放甲醛、VOC 等。针对人造板中挥发性有机污染物的释放问题，研究者提出了一系列控制方法，下面简要介绍几种主要方法。

1.2.1 改进胶黏剂工艺

改进脲醛树脂工艺可有效控制板材中甲醛的释放。降低甲醛/尿素物质的量比是减少脲醛树脂中游离甲醛含量最常用的方法。其本质是运用化学平衡原理，通过减少反应物甲醛的量而增大尿素的量，提高甲醛转化率，达到降低脲醛树脂中游离甲醛含量的目的。但此方法与人造板力学性能存在不可调和的矛盾，甲醛含量越低，人造板力学性能越差，反之亦然。因此，通过降低甲醛/尿素物质的量比来降低游离甲醛含量是有一定限度的，一般 1.05 是物质的量比极限值。在脲醛树脂合成过程中，多次投放尿素可以降低胶黏剂中游离甲醛的含量。分析其原因是投料次数越多，反应物参与反应越充分，对降低胶黏剂中游离甲醛的含量越有利。添加甲醛捕捉剂是降低脲醛树脂胶黏剂中游离甲醛含量的另一种可行的方法。甲醛捕捉剂可与游离甲醛以化学键形式结合，从而减少人造板的游离甲醛释放量。尿素、三聚氰胺、乙二胺、间苯二酚、木素硫酸铵等是常用的甲醛捕捉剂。将脲醛树脂胶黏剂替代为不以甲醛为原料的无醛胶是控制人造板甲醛释放的根本途径。目前，无醛胶主要有改性淀粉胶和水性高分子异氰酸酯胶等。尽管无醛胶能极大地降低人造板的游离甲醛释放水平，但也存在一定的缺点。如改性淀粉胶成本虽低，但胶合性能差；水性高分子异氰酸酯胶胶合性能虽然能达到国家标准，但成本昂贵，且生产过程有毒性大的苯类有机物产生，两种胶黏剂难以进行大批量生产。因此，无醛胶黏剂因没有价格和性能优势而不能代替脲醛树脂胶黏剂。

1.2.2 改进人造板生产工艺

密度纤维板在生产和后续加工过程中都会释放出大量的 VOC,如热磨、纤维干燥、热压、二次加工处理等,直到使用过程中也受到 VOC 释放的困扰,影响人们的日常工作与生活。研究表明:人造板生产工艺对甲醛及 VOC 的释放有着较大影响,主要影响因素有热压温度、热压时间、施胶量、木材原料含水率及板坯含水率等。例如,适当提高热压温度、延长热压时间,有助于降低人造板游离甲醛释放水平;在保证人造板物理性能的前提下,降低施胶量或木材原料含水率也能起到降低甲醛释放的作用。

Mathias 等研究热压温度及板坯结构对欧洲赤松 OSB 释放的 VOC 的影响作用,结果表明:热压温度升高可以降低萜烯化合物的释放;降低热压温度可以减少醛类的释放;减小板坯表层刨花颗粒度也可以降低萜烯的释放量。Makowski 等研究欧洲赤松板材,同样发现降低温度可以减少醛类的释放。Wang 和 Jiang 发现降低热压过程的温度可以减少有机物的释放。Aehlig 和 Broege 发现增加刨花板的刨花形态可以减少 OSB 板材中萜烯的释放量。板材醛类的释放随热压温度的升高反而降低,但醛类的降低量具有一定的限度,超过某一温度醛类释放量将不再受热压温度的影响,Franzke 和 Belitz 认为此临界点温度是脂肪酸聚合温度(200℃)。显然,脂肪酸自氧化裂解的小分子比大分子更容易发生聚合反应,因此当热压温度超过 200℃,醛类等小分子因发生聚合反应而减少了板材中挥发性醛类的释放。热压温度在 260℃时,除了板材外观颜色加深外,糖醛释放量的降低也能说明木材组分中多糖发生了热降解反应,且以戊聚糖为主。

由此可见,通过调整人造板生产工艺参数能够达到降低板材中甲醛和 VOC 释放量的目的。但由于木材抽提物成分复杂,含有大量树脂酸、脂肪酸、挥发油、鞣质以及酚类化合物等,热压过程中有相对复杂的化学反应发生,热压条件对 VOC 各组分的影响不尽相同,因此限制了通过改进人造板生产工艺降低 VOC 释放的方法。

1.2.3 后期处理

人造板后期处理控制人造板 VOC 释放的方法主要有两种,即物理饰面处理和表层化学试剂涂饰处理。

人造板工业中最为常用的阻隔层有薄木贴面、树脂浸渍纸贴面等。薄木贴面采用天然珍贵树种木材,虽表面美观悦目,但因成本高、原料来源日益短缺,而逐渐被树脂浸渍纸贴面所取代。浸渍纸贴面的特点是生产周期短、投资少、产值与利润高,目前其广泛用于强化木地板等的生产中。Barry 等研究了几种饰面方式对人造板 TVOC 和游离甲醛释放的影响,结果表明:不同的饰面方法能降低人造板 TVOC 和游离甲醛的释放。美国和加拿大的胶合板和刨花板协会检测刨花板和 MDF 的贴面及未贴面试样的 VOC 释放发现:贴面试样的 TVOC 浓度平均比未贴面试件 TVOC 浓度低 40%,VOC 浓度百分比中占比例较大的主要是丙酮、己醛和游离甲醛。也有研究显示:用高压塑料贴面板、三聚氰胺浸渍纸或低克数纸贴面,能减少试件的 VOC 释放,贴面试样挥发物释放量比未贴面试样平均低 15%;此外,在以阔叶材为原料的未贴面的刨花板中检测到了 α-蒎烯和 β-蒎烯,在以南方松为饰面材料的薄木中未检测到该类化合物,而在经过南方松贴面处理后的刨花板中也未检测出萜烯类化合物,说明贴面处理可以有效阻止基材 VOC 的释放。对于刨花板材料,采用酚醛浸渍纸、聚氯乙烯薄膜、三聚氰胺浸渍纸和金属箔贴面处理后,其对甲醛/VOC 释放的降低率分别为 99%/88%、99%/66%、93%/85% 和 73%/75%。

贴面处理控制人造板基材 VOC 释放的同时,也存在增加其他种类污染物释放的可能性。1993 年美国佐治亚技术研究所对未贴面刨花板和贴有橡木单板刨花板的 VOC 组分进行分析,研究结果表明:在 23 次不同测试中共发现 100 多种不同的组分,浓度高的组分包括丙酮、苯甲醛、己醛、壬醛、辛醛、戊醛、卤代烃、碳氢化合物和萜烯类化合物(松萜、3-蒈烯、茨烯和其他物质)。其中,以三氯氟烃的释放最引人注目,每个试件中释放的平均浓度为 $218\mu g/m^3$,而在测试室内纯净的空气试样时并没有这些烃的痕迹。在已发表的文献中也没有确认天然木材、木质复合材料或其他添加物成分中有含氯氟烃,所以至今仍无法解释试样中这些化学物质的来源。

人造板表面覆盖阻隔层能够减缓 VOC 的释放,降低室内空气 VOC 的浓度,是控制板材甲醛及 VOC 释放的有效方法。材料的 VOC 的释放过程是基于基本的传质过程,人造板表面覆盖层相当于在人造板表面增加了一层传质阻隔层,增加 VOC 从人造板传输到室内环境的阻力,从而降低人造板的 VOC 散发速率。Yuan 等理论模拟了一种所谓的黏土/聚亚安酯复合阻隔层对结构化保温板(structural insulated panel,SIP)VOC 释放的抑制效果,模拟结果显示:阻隔层的抑制效果随黏土掺杂比例的提高而增强,阻隔层可以显著降低甚至消除板材的 VOC 释放。

对板材表面进行化学处理也是较为常见的控制甲醛及 VOC 释放的方法。氨气熏蒸和尿素溶液喷淋常被用来降低人造板的甲醛释放。氨气熏蒸的原理是基于甲醛能与氨反应生成较稳定的六次甲基四胺,而尿素溶液喷淋中尿素会与甲醛产生胺化反应,但容易带来氨污染。Barry 等测试不同表面装饰人造板材的甲醛、VOC 释放,发现表面涂饰环氧粉末涂料的 MDF 板材的甲醛及 VOC 释放的控制效果最为明显,分别达到 99% 和 94%,而经过紫外线光固化油漆(UV 漆)和丙烯酸面漆(水性漆)处理的 MDF 对甲醛/VOC 降低率仅达到 89%/85% 和 11%/27%。Zhu 利用活性炭、光催化剂、生物酶和甲醛清除剂处理刨花板表面,发现除甲醛清除剂外,其余空气净化材料对甲醛及 VOC 的控制效果较为明显,而甲醛清除剂对 VOC(不包含甲醛)无明显影响。

人造板贴面处理对甲醛及 VOC 的释放能够起到封闭、延迟释放的作用,但不能从根本上解决板材甲醛及 VOC 的释放,处理过的板材仍存在潜在释放的可能。化学处理方法需要一定技术条件,且工序复杂,导致难以进行工业推广应用,目前仅限于科学研究的范围。

1.2.4 添加吸附剂

为降低人造板的甲醛、VOC 释放,有学者采用在人造板生产中添加甲醛净化剂的方法来降低其释放。Tohmure 采用小型环境舱法对不同甲醛释放量等级的胶合板中 VOC 及醛类化合物释放进行了 21 天的测定,研究发现:甲醛净化剂的加入对其他醛类的释放没有作用;胶合板释放的 VOC 主要来自木材本身的萜烯类化合物,其释放量与种类主要取决于木材树种。

王新轲认为在人造板内均匀掺杂吸附剂可有效降低人造板 VOC 的释放。Xiong 等运用模型研究人造板中均匀添加不同比例的某种活性炭纤维后在密闭环境舱中的散发状况,结果表明:掺杂吸附剂后人造板 VOC 散发的平衡浓度显著降低,且掺杂的吸附剂的比例越高,平衡浓度降低越多。

文献研究表明,掺杂吸附剂降低人造板 VOC 散发的效果与吸附剂的 VOC 吸附性能密切相关,吸附剂的 VOC 吸附性能越优异,其降低人造板 VOC 释放的效果越显著。由于吸附剂的吸附能力有限,VOC 吸附效果受到限制,因此,要将掺杂吸附剂降低 VOC 方法应用于生产实践,需要首先筛选吸附性能优异的吸附剂。具有吸附效果的常用吸附剂如活性炭、沸石等属于无机材料,在人造板制作过程中添加过量会影响板材的力学性能。此外,已有研究仅限于考察均匀掺杂吸附剂降低人造板 VOC 释放的效果,尚缺乏通过优化一定量吸附剂的掺杂位置,以实现最大程度降低人造板 VOC 释放目的的研究。

参 考 文 献

范春彦,宋宝林. 2004. 人造板甲醛释放的控制措施[J]. 吉林林业科技,(06):44-46

韩永新,朱小棉. 2007. 人造板中甲醛的释放及其控制[J]. 职业与健康,(08):643

李凯夫. 2003. 绿色人造板关键技术的一点思考(续)[J]. 国际木业,(04):12-14

刘玉,沈隽,朱晓冬. 2008. 热压工艺参数对刨花板 VOCs 释放的影响[J]. 北京林业大学学报,30(5):139-142

刘玉,沈隽. 2005. 工艺条件对杨木刨花板有机挥发气体释放影响的研究[A]//中国林学会木材科学分会第十次学术研讨会论文集[C],南宁:673-678

陆军，张吉先，柴文淼. 2003. 人造板的甲醛释放及其控制措施的研究进展[J]. 林产工业，（06）：12-15

马心，颜镇. 1997. 游离甲醛和人造板释放甲醛（续）[J]. 木材工业，（03）：18-21

冒海燕. 2009. 抽吸法测试人造甲醛释放量的研究[D]. 南京：南京林业大学硕士学位论文

梅长彤，周定国，段素英. 1998. 几种木材甲醛释放量的测定[J]. 林产工业，25（2）：34-35

莫金汉. 2009. 光催化降解室内有机化学污染物的若干重要机理问题研究[D]. 北京：清华大学博士学位论文

穆有炳，赵临五，储富祥，等. 2008. 低成本 E2 级人造板用脲醛树脂胶的制备及其应用[J]. 中国胶粘剂，（07）：
    32-35

沈隽，刘玉，张晓伟，等. 2006. 人造板有机挥发物（VOCs）释放的影响及研究[J]. 林产工业，33（1）：5-9

沈隽，刘玉，朱晓冬. 2009. 热压工艺对刨花板甲醛及其他有机挥发物释放总量的影响[J]. 林业科学，45（10）：
    130-133

孙乐芳. 2002. 脲醛树脂胶的技术现状及发展对策[J]. 化工科技市场，（07）：26-28

孙立人，陈莲梅，王晓凌. 2003. 人造板甲醛释放量的影响因素[J]. 林业机械与木工设备，（04）：22-23

孙振海. 2002. 室内非生物空气污染研究现状及进展[A]//第一届全国室内空气质量与健康学术研讨会论文集[C]：
    16-19

王春鹏，赵临五，卜洪忠，等. 2007. E0 级胶合板用低成本 UMF 树脂胶的研制[J]. 林产工业，（06）：46-50

王春鹏，赵临五，卜洪忠，等. 2008. E0 级胶合板用 UMF 树脂胶固化体系的研究[J]. 林产工业，（05）：23-27

王恺. 2002. 木材工业适用大全　人造板表面装饰卷[M]北京：中国林业出版社

王维新. 2003. 甲醛释放与检测[M]. 北京：化学工业出版社

王新轲. 2007. 干建材 VOC 散发预测、测定及控制研究[D]. 北京：清华大学博士学位论文

严顺英. 2006. 低毒型脲醛树脂的合成反应动力学研究[D]. 昆明：昆明理工大学硕士学位论文

张运明，曾灵，陈文渊，等. 2006. 人造板甲醛释放量与居室污染关系的分析[J]. 中国人造板，11：16-19

周定国. 1995. 国外人造板甲醛散发研究现状[J]. 世界林业研究，（05）：9-17

Aehlig K，und Broege M. 2005. Bildung geruchsintensiver. Verbindungen in Kiefernholz-Teil 1：untersuchungen zum
    Einfluss der Lagerbindungen auf Hotzinnaftsstotfe in Hackschnitzel Holztechnologie[J]，45：11-17

ASHRAE. 1996. BSR/ASHRAE Standard 62-1989R（public review draft-ventilation for acceptable in door air quality[S].
    Atlanta（GA）：ASHRAE

ASTM D3960-2013. 2013. Standard Practice for Determining Volatile Organic Compound（VOC）Content of Paints and
    Related Coatings[S]

Barry A，Corneau D. 2006. Effectiveness of barriers to minimize VOC emissions including formaldehyde[J]. Forest
    Products Journal，56（9）：38-42

Baumann M，Battermann A，Zhang G Z. 1999. Terpene emissions from particleboard and medium-density fibreboard
    products[J]. Forest Products Journal，49（1）：49-56

Baumann M，Lorenz L，Batterman S，et al. 2000. Aldehyde emissions from particleboard and medium fibreboard
    products[J]. Forest Products Journal，50（9）：75-82

Belitz H-D，Grosch W，Schieberle P. 2001. Lehrbuch der Lebensmittelchemie[M]. Berlin：Springer-Verlag：213，151-235

Chang J C，Fortrnann R，Roache N，et al. 1999. Evaluation of low-VOC latex paints[J]. Indoor Air，9（4）：253-258

Chen H L，Lee H M，Chen S H，et al. 2010. Influence of Aaddition on ozone generation in a non-thermal
    plasma-anumerical investigation[J]. Plasma Sources Science & Technology，19（5）：1-14

D'Amato G，Liccardi G，D'Amato M. 1994. Environment and the development of respiratory allergy. II：Indoors[J].
    Monaldi Archive of Chest Disorders，49（5）：412-420

De Bortoli M, Kniippel H, Pecchio E, et al. 1986. Concen indoor trations of selected organic pollutants in indoor and outdoor air in nothern Italy[M]. Environ Int, 12: 343-349

DIN 55649-2001. 2001. Paints and varnishes-determination of volatile organic compound content in waterthinnable emulsion paints（in-can VOC）[S]

DIN ISO 16000-6-2011. 2011. Indoor air-part 6: Determination of volatile organic compounds in indoor and test chamber air by active sampling on Tenax TA sorbent, thermal desorption and gas chromatography using MS or MS-FID[S]

E. 罗发埃尔. 1990. 人造板和其他材料的甲醛散发（中文译本）[M]. 王宝选, 等, 译. 北京: 中国林业出版社

EPA. 2008. National volatile organic compound emission standards for consumer and commercial products[A]. Federal Regulations 40 CFR Part 59: 1104-1113

Forest Industries and Building Poduets Dept of Industry Canada. 1998. Wood-based produets technology roadmap[ON]. http: //Strategis.ic.gc.ca/ssg/fb@1129e.html[1998-12-21]

Franzke C, Technik H. 1996. Allgemeines Lehrbuch der Lebensmittelchemie[M]. Hamburg: Behr's Verlag: 90-93

GB 18584—2001. 2001. 室内装饰装修材料木家具有害物质限量[S]

Gebbers J O, und Glück U. 2003. Sick building-syndrom[J]. Schweizer Med Forum, 5: 109-113

Hodgsen A T, Beal D, McIlvaine J E R. 2002. Sources of formaldehyde, other aldehydes and terpenes in a new manufactured house[J]. Indoor Air, 12（4）: 235-242

Hodgsen A T, Rudd A F, Beal D, et al. 2000. Volatile organic compound concentrations and emission rates in new manufactured and site-built houses[J]. Indoor Air, 10（3）: 178-192

Hott U, Schleibinger H, Marchl D, et al. 2004. Konzentrationsänderungen von VOC in innenräumen im zeitraum von 1983-2003-Konsequenzen für statistisch basierte Bewer-tungsmodelle[A]. Umwelt, Gebäude & Gesundheit: Innenraumhygiene, Raumluftqualität und Energieeinsparung, München. AGÖF: 69-80

Huang H Y, Haghighat F. 2002. Modeling of volatile organic compounds emission from dry building materials[J]. Building and Environment, 37（11）: 1127-1138

ISO 4618-1: 2006. 2006. Paints and varnishes—Terms and definitions for coating materials—Part 1: General terms[S]

Jiang T, Gardner D J, Baumann M. 2002. Volatile organic emissions arising from the hot-pressing of mixed-hardwood particleboard[J]. For Prod J, 52: 66-77

Jones A P. 1999. Indoor air quality and health[J]. Atmospheric Environment, 33: 4535-4564

Kim S, Kim H J. 2005. Comparison of standard methods and gas chromatography method in determination of formaldehyde emission from MDF bonded with formaldehyde-based resins[J]. Bioresource Technology, 96（13）: 1457-1464

Kumar D, Little J C. 2003. Characterizing the source/sink behavior of double-layer building materials[J]. Atmospheric Environment, 37（39-40）: 5529-5537

Lewis R G, Gordon S M. 1996. Sampling of organic chemicals in Air//Keith L H. Principles of Environmental Sampling[M]. 2nd ed. Washington DC: ACS（American Chemical Society）: 401-470

LHEA（London Health Education Authority）. 1997. What People Think About Air Pollution, Their Health in General, and Asthma in Particular?[M]. London: Health Education Authority

Lodewijks P, Rompaey H V, Sleeuwaert F. 2004. VOC emissions from production and the industrial use of paints, inks and adhesuves in Flanders, Belgium: evalutaion of the reduction potential and the implementation of the European Solvent Directive 1999/13/EG[J]. Air Pollution XII, 14: 305-314

Lux W, Mohr S, Heinzow B, et al. 2001. Belastung der raumluft privater neubauten mit fluchtigen organischen verbindungen[J]. Bundesgesundheitsblatt，44：619-624

Makowski M，Ohlmeyer M，Meier D. 2005. Long-term development of VOC emissions from OSB after hot-pressing[J]. Holzforschung，59：519-523

Makowski M，Ohlmeyer M. 2006. Comparison of a small and a large environmental test chamber for measuring VOC emissions from OSB made of Scots pine（*Pinus sylvestris* L.）[J]. Holz Roh Werkst，64：469-472

Marutzky R. 2002. VOC-Emissionen von OSB und anderen Holzwerkstoffen：Standder Technik und andere Entwicklungen[A]//Mobil Holzwerkstoff-Symposium 2002[C]. Bremen：Exxon Mobil Production Deutschland GmbH：115-119

Milton M R. 2000. Emissions from wood drying[J]. Forest Products Journal，50（6）：10-20

Myers G E. 1985. Effect of separate additions to furnish or veneer on formaldehyde emission and other properties-a literature-review（1960-1984）[J]. Forest Products Journal，35（6）：57-62

Myers G E. 1986. Effects of post-manufacture board treatments on formaldehyde emission-a literature-review （1960-1984）[J]. Forest Products Journal，36（6）：41-51

Myers G E. 1989. Advances in methods to reduce formaldehyde emission//Hamel M P. Composite Board Products for Furniture and Cabinet-Innovations in Manufacture and Utilization[M]. Madison，WI：Forest Products Society

Park B D，Kim J W. 2008. Dynamic mechanical analysis of urea-formaldehyde resin adhesives with different formaldehyde-to-urea molar ratios[J]. Journal of Applied Polymer Science，108（3）：2045-2051

Pellizzari. 1991. Total volat ile organic-concentrations in 2700 personal indoor and outdoor air samples collected in the US EPA team studies[J]. Indorr Air，1（4）：465-477

Platts-Mills T A E，Woodfolk J A，Chapman M D，et al. 1996. Changing concepts of allergic disease：the attempt to keep up with real changes in lifestyles[J]. Journal of Allergy and Clinical Immunology，98（Suppl）：297-306

Robinson J，Nelson W C. 1995. National Human Activity Pattern Survey Data Base. United States Environmental Protection Agency[M]. NC：Research Triangle Park

Roffael E. 2006. Volatile organic compounds and formaldehyde in nature，wood and wood based panels[J]. Holz Als Roh-Und Werkstoff，64（2）：144-149

Schäfer M，Roffael E. 2000. On the formaldehyde release of wood[J]. Holz als Roh und Werkstoff，58：259-264

Spengler J D，Samet J M，McCarthy J F. 2001. Indoor Air Quality Handbook[M]. New York：Mc Graw-Hill Companies，Inc

Stolwijk J A. 1992. Risk assessment of acute health and comfort effects of indoor air pollution[J]. Annals of the New York Academy of Sciences，641：56-62

Sundin E B，Risholm-Sundman M. und Edenholm K. 1992. Emission of formaldehyde and other volatile organic compounds from sawdust and lumber，different wood-based panels，and other building materials：a comparative study[A]. 26th International Particleboard/Composite Materials Symp.，Washington State University，Pullmann，Washington，Forest Produkts Soc. Madison：151-171

Teichman K Y. 1995. Indoor air quality：research needs[J]. Occupational Medicine，10（1）：217-227

Tohmura S，Hse C Y，Higuchi M. 2000. Formaldehyde emission and high-temperaturestability of cured urea-formaldehyde resins[J]. Journal of Wood Science，46（4）：303-309

Tohmure S，Miyamoto K，Inoue A. 2005. Measurement of aldehyde and VOC emissions from plywood of various formaldehyde emission grades[J]. Mokuzai Gakkaishi，51（5）：340-344

Uhde E，und Salthammer T. 2003. VOC-Emissionen von Holzprodukten：Stand der Technik und Minderungsstrategien[N]. Tag der Holzforschung am WKI Braunschweig[2003-10-28]

Wallae L A. 1987. The Total Exposure Assessment Method（Team）Study：Summary and Analysis[M]. Washington：Environmental Protection Agecy：113-116

Wang W，Gardner D J，Baumann M. 2002. Volatile organic compound emissions during hot-pressing of southern pine particleboard：panel size effects and trade-off between press time and temperature[J]. For Prod J，52：24-30

Wang W，Gardner D J，Baumann M. 2003. Factors affecting volatile organic compound emissions during hot-pressing of southern pine particleboard[J]. For Prod J，53：65-72

WHO. 1989. WHO-indoor air quality：organic pollutants[J]. EURO Reports and Studies，111：2-39

Xiong J Y，Zhang Y P，He Z K，et al. 2008. Effect of additive adsorption fibers within building materials on VOC emission characteristics[A]. Proceedings of Indoor Air 2008，Copenhagen Denmark

Xu Y，Raja S，Ferro A R，et al. 2010. Effectiveness of heating，ventilation and air conditioning system with HEPA filter unit on indoor air quality and asthmatic children's health[J]. Building and Environment，45（2）：330-337

Yocom J. 1982. Indoor-outdoor air quality relationships. Ⅰ. Air Polk Control Assoc[J]，32：500-505

Yuan H，Little J C，Marand E，et al. 2007. Using fugacity to predict volatile emissions from layered materials with a clay/polymer diffusion barrier[J]. Atmospheric Environment，41（40）：9300-9308

Zhu X D，Shen J，Liu Y. 2010. Removal of formaldehyde and volatile organic compounds from particleboards by air-cleaning materials[J]. Advanced Materials Research，（113-114）：1870-1873

第 2 章　欧洲赤松醛类释放原理及控制方法

欧洲赤松 MDF 挥发物中醛类化合物主要来自其原料中不饱和脂肪酸的氧化降解,但不饱和脂肪酸氧化降解的方式、醛类释放特征及释放机理迄今为止仍不清楚,为此,本章将对这些问题进行探讨。

2.1　欧洲赤松醛类物质的释放源

2.1.1　脂肪和脂肪酸

脂肪是由甘油和脂肪酸组成的三酰甘油酯,其中甘油的分子结构比较简单,而脂肪酸的种类和分子链长短却各不相同。脂肪酸是由碳氢组成的烃类基团连接羧基所构成,属于羧酸化合物,可根据酰基链、双键的数目及位置等结构进行分类。脂肪酸根据碳氢链饱和与不饱和的不同又可以分为饱和脂肪酸、单不饱和脂肪酸和多不饱和脂肪酸三类;根据碳链长度的不同脂肪酸又可以分为短链脂肪酸、中链脂肪酸和长链脂肪酸。其中,碳链上含有的碳原子数范围在 1~7 之间的为短链脂肪酸,碳链上碳原子数小于 6 的也称挥发性脂肪酸。碳链上碳原子数目的增加能有效增强分子间的范德华力,从而使得脂肪酸活性降低。酯化的甘油和植物油是常见的液态的脂肪酸,植物油中常见的棕榈酸(C_{16})、硬脂酸(C_{18})和油酸(C_{18})在自然界中占不饱和脂肪酸的主导地位。

Back 和 Allen 调查研究发现,同种软木具有两种化学成分不同的树脂,一种位于轴向和径向薄壁组织细胞中,另一种处于木材树脂管胞中。薄壁组织中树脂的主要成分为脂肪酸、三酰甘油酯、多环醇和脂肪酸酯(图 2-1)。其中,直链饱和脂肪酸和碳链长度在 16~24 之间的不饱和脂肪酸是木本植物树脂中极为重要的脂肪酸。在松科木材中,除了脂肪酸(5, 9-12: 2)和松油酸(5, 9, 12-18: 3)以外,软材和硬材树脂中含有的不饱和脂肪酸种类相同。

脂肪酸

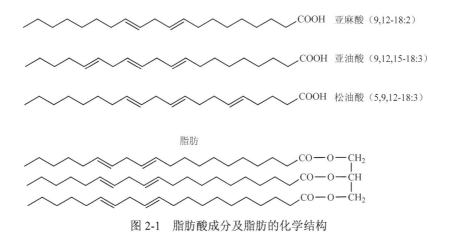

图 2-1　脂肪酸成分及脂肪的化学结构

1. 饱和脂肪酸

饱和脂肪酸的通式为 $CH_3(CH_2)_nCOOH$。饱和脂肪酸结构中不含有不稳定的化学键,其化学性质相对稳定,具有一定的耐氧化性能。在 60℃条件下仍然能保持结构的稳定,但即便如此,饱和脂肪酸在室温条件下依然会被氧化。木材树脂中常见的饱和脂肪酸见表 2-1。

表 2-1　常见的饱和脂肪酸

化合物名称	俗称	化学式
乙酸	醋酸	$C_2H_4O_2$
丁酸	酪酸	$C_4H_8O_2$
己酸	羊油酸	$C_6H_{12}O_2$
辛酸	羊脂酸	$C_8H_{16}O_2$
癸酸	羊蜡酸	$C_{10}H_{20}O_2$
十六烷酸	棕榈酸	$C_{16}H_{32}O_2$
十八烷酸	硬脂酸	$C_{18}H_{36}O_2$
二十烷酸	花生酸	$C_{20}H_{40}O_2$
二十二烷酸	山俞酸	$C_{22}H_{44}O_2$

2. 不饱和脂肪酸

碳链上含有一个或多个双键(如烯烃、聚烯烃)、三键(炔烃)的脂肪酸称为不饱和脂肪酸。不饱和脂肪酸不稳定的化学结构决定了它比饱和脂肪酸更容易发生氧化、聚合、加成等化学反应。天然的不饱和脂肪酸的结构几乎都为顺式结构。常见的不饱和脂肪酸见表 2-2。

表 2-2　常见的不饱和脂肪酸

化合物名称	俗称	化学式
9-十六碳烯酸	棕榈油酸	$C_{16}H_{30}O_2$
9-十八碳烯酸	油酸	$C_{18}H_{34}O_2$
9,12-十八碳二烯酸	亚油酸	$C_{18}H_{32}O_2$
9,12,15-十八碳三烯酸	亚麻酸	$C_{18}H_{30}O_2$
5,8,11,14-二十碳四烯酸	花生四烯酸	$C_{20}H_{32}O_2$

3. 木材中的脂肪酸

脂肪和脂肪酸在木材薄壁细胞中的含量有所不同。欧洲赤松（*Pinus sylvestris* L.）边材中脂肪酸的含量通常在甘油发生酯化反应前占据较大比例，而心材中的游离脂肪酸占主导地位。心材和边材中主要的不饱和脂肪酸为油酸、亚麻酸和亚油酸，主要的饱和脂肪酸为棕榈酸和硬脂酸，如油酸和亚油酸的比例占松木边材中脂肪酸含量的 70%以上。脂肪含量占针叶材干材质量的 0.3%～0.4%，占松木干材质量的 1%～4%。脂肪酸在椴木和白桦中的含量更为丰富，其比例分别为气干材的 3%～5%和 0.8%～2.5%。脂肪酸的含量受季节性波动的影响，冬季含量最高，在松树中比例可达 6%，占菩提树干材质量的 8%；Saranpää 和 Nyberg 的分析报告同样证明，冬季时欧洲赤松的饱和脂肪酸（棕榈酸和硬脂酸）含量最高。Pagani 测试几种木材中的脂肪酸含量见表 2-3。

表 2-3　几种木材中脂肪酸的含量（$\mu g/g\,FW^*$）

树种	棕榈酸	硬脂酸	油酸	亚麻酸	其他脂肪酸	总脂肪酸
榉木	94	未检出	14	130	未检出	238
桦木	477	310	175	1133	220	2315
椴木	3874	1763	974	100	833	7544
云杉	114	未检出	996	574	210	1894

*FW 表示纤维质量。

2.1.2　脂肪和脂肪酸的化学反应

适宜的温度、充足的氧气、适度的光照、脂肪氧合酶和微生物的参与等外在因素能促使脂肪发生化学反应，出现酸败现象。脂肪因氧化降解生成游离脂肪酸和中等相对分子质量的醛类（如庚醛、壬醛等）而引起异味。与饱和脂肪酸相比，含有不稳定的双键或三键的不饱和脂肪酸在外界因素的引发下更容易发生反应。不饱和脂肪酸主要发生的化学反应有水解、聚合和氧化三种重要的化学反应。水解反应和聚合反应是短暂的，木材中水解反应发生在特定组织结构的细胞内，这是引起脂肪和脂肪酸氧化的引导反应。

1. 水解反应

水解反应是化合物通过水的作用裂解而发生的一种化学反应，其反应方程通式见公式（2-1）

$$A—B+H—OH \longrightarrow A—H+B—OH \tag{2-1}$$

脂肪有酸性水解和碱性水解两种化学反应形式。脂肪的碱性水解也称皂化，是工业生产甘油（肥皂的主要成分）的理论基础。而油脂在自然界中容易发生酸败的主要原因是微生物或氧的存在。脂解酶是有生物活性的酶，脂解酶作用时一分子三酸甘油酯生成一分子甘油和三分子脂肪酸，化学反应式如图 2-2 所示。水解后产生的游离脂肪酸可进一步发生反应，脂肪的水解是生成刺激性臭味物质的第一步化学反应。

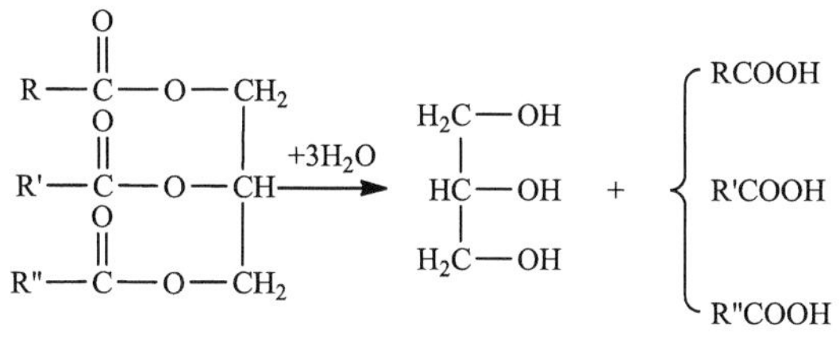

图 2-2　脂解酶水解脂肪

所有木材中都含有以脂肪、甾（醇）基酯类、蜡酯和痕量三萜烯酯类等形式存在的脂肪酸，这些脂肪酸仅存在于边材的薄壁组织中。这些酯类在形成层和心材之间及心材中水解成脂肪酸，部分脂肪酸也会转移到心材导管中。木材存储过程中同样发生水解反应。

2. 聚合反应

含有多个双键、三键或者包含环状结构的有机物具有聚合能力，在聚合反应中被称为单体，聚合反应是由这些单体打开多键或开环合成聚合物的反应过程。脂肪酸受热或有氧受热条件下易产生高分子化合物。有氧参加的化学反应会产生热量或者受热时发生的聚合反应为热聚合反应。

在 200℃时不饱和脂肪酸就能够发生聚合反应。该反应发生在连接 C—C 键附近的氢上，热聚合反应具有两个可能的反应方式。一是反应发生在一个甘油酯的两个脂肪酸之间（分子内结合），二是反应发生在两个脂肪酸之间，其中每个脂肪酸属于不同的甘油分子（分子间结合），如图 2-3 所示。

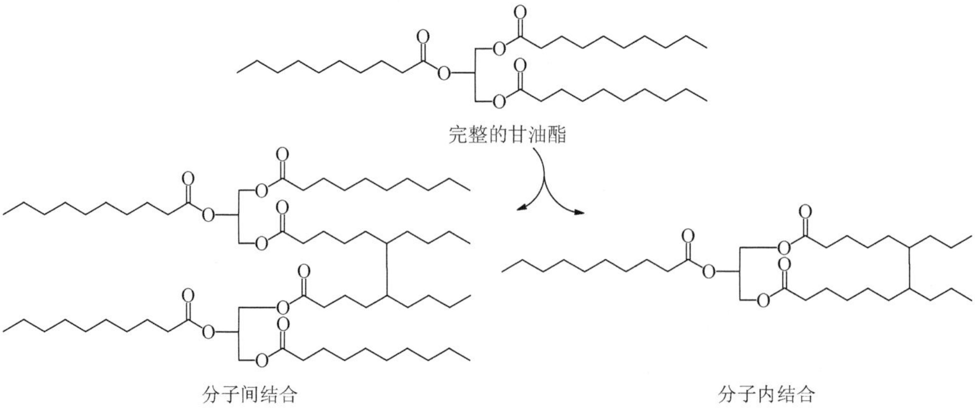

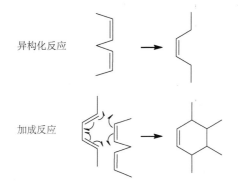

图 2-3　单不饱和脂肪酸甘油酯的热聚合

　　多不饱和脂肪酸的聚合反应属于第尔斯-阿德尔反应（Diels-Alder reaction，又名双烯加成），该反应主要有两种形式：一是 1，4-戊二烯系统通过热异构迁移到所需要的 1，3-二烯系统；二是由 1，4 环基加成反应形成，所得到的四取代的环己烯衍生物的侧链被氧化引入氧代基，并使羟基或羧基基团减少（图 2-4）。

图 2-4　第尔斯-阿德尔反应体系（聚合反应）

3. 氧化反应

　　含有醚键、过氧键，或者与羟基的氧代基或环氧基连接的化合物反应后会产生氧，这些氧为不饱和脂肪酸自氧化反应提供需要的有氧条件。Franzke 认为不饱和脂肪的氧化聚合反应和自氧化反应同时进行，其氧化产物如图 2-5 所示。

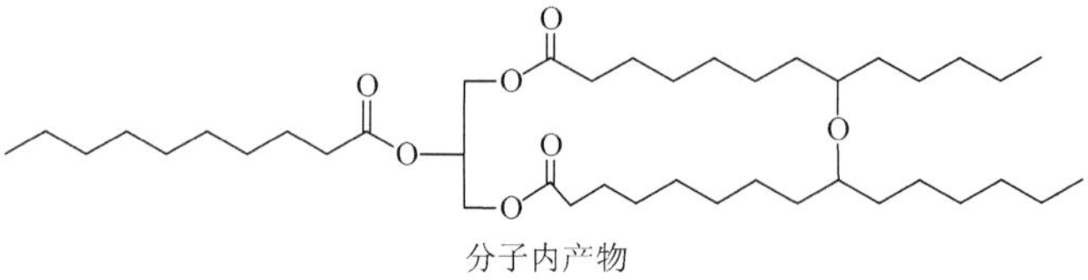

分子内产物

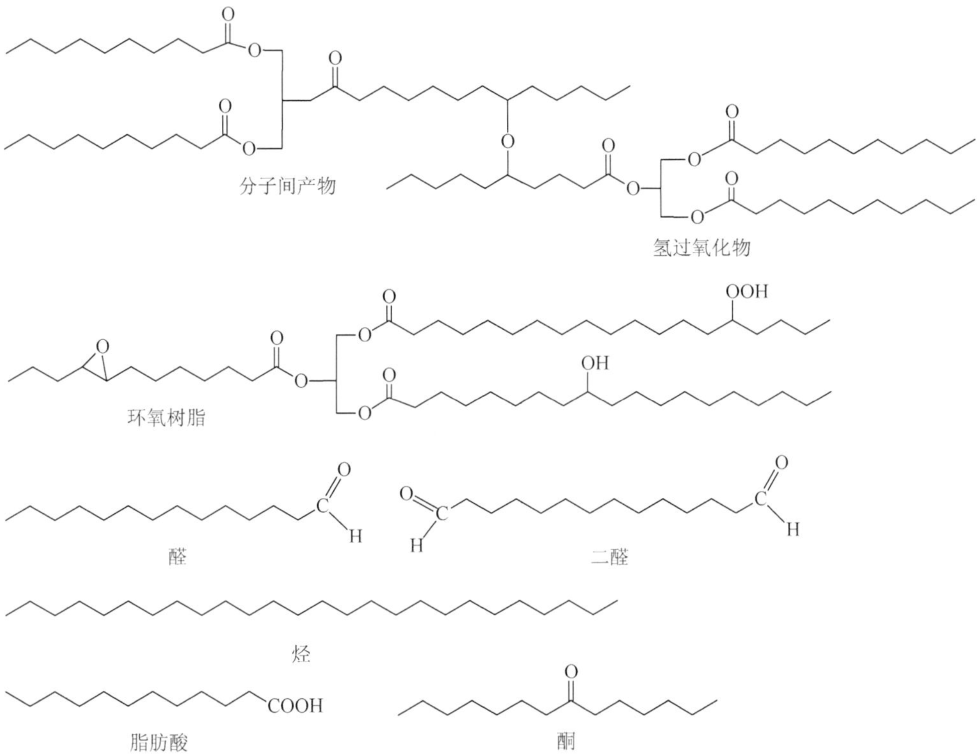

图 2-5　不饱和脂肪酸氧化产物

2.2　脂肪酸的氧化

2.2.1　不饱和脂肪酸的过氧化

存在于薄壁细胞组织中的脂肪水解生成脂肪酸，游离的脂肪酸被氧化形成不稳定的氢过氧化物，氢过氧化物产生的速度由可获得的氧气及温度决定。含有一种或多种烯丙基（$H_2C = CH—CH_2—$）基团的不饱和脂肪，在氧气参与下也容易被氧化成氢过氧化物。在木材中氧化反应与水解反应是同时进行的。氧化反应是自催化反应，氢过氧化物随之开始分解或裂解，生成醛类，同时也有醇类、烷烃和小分子酸类等挥发性化合物散发到大气中；释放出的酸类化合物的数量随裂解温度升高而增加。酯类的自氧化反应与脂肪氧合酶催化反应有所不同，前者自氧化活动需要氧气的参与，而后者反应中的氢过氧化物是由脂肪氧合酶催化而产生的。

木基材料中某些不饱和脂肪酸被脂肪氧合酶催化成单氢过氧化物。脂肪氧合酶催化的条件是适宜的 pH、具备氧化反应需要的最低能量、达到催化敏感温度（0～20℃）。脂肪氧合酶仅能催化脂肪酸，对油酸不产生反应。

2.2.2　不饱和脂肪酸的自氧化

不饱和脂肪酸的自氧化是游离基反应过程。主要发生以下四个步骤的反应：

第一步：引发阶段（诱导期）：

$$RH \longrightarrow R^{\cdot}+H \qquad (2\text{-}2)$$

第二步：传递阶段：

$$R^{\cdot}+O_2 \longrightarrow ROO^{\cdot} \qquad (2\text{-}3)$$

$$ROO^{\cdot}+RH \longrightarrow ROOH+R^{\cdot} \qquad (2\text{-}4)$$

第三步：分解阶段：

$$ROOH \longrightarrow R^{\cdot}+RO^{\cdot}+ROO^{\cdot} \qquad (2\text{-}5)$$

第四步：终止阶段：

$$ROO^{\cdot}+X \longrightarrow 稳定化合物 \qquad (2\text{-}6)$$

引发阶段产生的游离基（$R^{\cdot}$）与氧气反应生成过氧化物游离基（$ROO^{\cdot}$），见式（2-3）。在传递阶段，游离基与不饱和脂肪酸（RH）反应产生新的游离基（$R^{\cdot}$）和氢过氧化物（ROOH）。式（2-4）中产生的游离基（$R^{\cdot}$）参与式（2-3）中的化学反应，使得传递阶段的化学反应循环往复，产生许多 ROOH。氢过氧化物是不稳定的化合物，易发生分解而重新生成游离基[$R^{\cdot}$、烷氧基（$RO^{\cdot}$）、$ROO^{\cdot}$]，再进一步氧化生成各种化合物。氧化阶段因过氧化物游离基与游离基失活剂 X 反应生成稳定化合物而终止。

2.2.3　饱和脂肪酸的自氧化

因饱和脂肪酸不含有双键的 α-亚甲基，从而不易形成碳自由基。但由于饱和脂肪酸与不饱和脂肪酸共存，很容易受到由不饱和脂肪酸产生的氢过氧化物的氧化而生成氢过氧化物，饱和脂肪酸的自氧化主要发生在—CO_2H 的邻位上。饱和脂肪酸的氧化反应见式（2-7）：

$$R_1CH_2{-\!}CO_2R_2 \xrightarrow{\text{ROOH}} \underset{\underset{OOH}{|}}{R_1CH}{-\!}CO_2R_2 + RH \qquad (2\text{-}7)$$

饱和脂肪酸与氢过氧化物反应转化为不饱和脂肪酸［式（2-7）］，不饱和脂肪酸接着开始自氧化反应。

2.2.4　脂肪酸氧化生成的醛类化合物

不饱和脂肪酸自氧化中间产物是氢过氧化物，其化学性质活泼，容易裂解形成挥发性醛类。脂肪酸自氧化生成醛类的反应机理如图 2-6 所示。

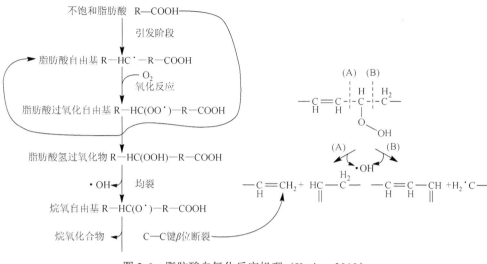

图 2-6 脂肪酸自氧化反应机理（Karin，2010）

针叶材不饱和脂肪酸主要包括油酸、亚油酸和亚麻酸三类，其中油酸降解生成以碳七至碳十一为主的醛类（表 2-4）；亚油酸主要降解产物为己醛（表 2-5）；亚麻酸降解产物以不饱和醛为主，如 2，4-庚二烯醛、顺-3-己烯醛和 2，4，7-癸三烯醛。

表 2-4 油酸加热生成的挥发性有机物（192℃/10min）

化合物	主要挥发物质量/mg	质量分数/%
庚烷	8.6	10.5
辛烷	9.7	11.8
庚醛	5.1	6.2
辛醛	8.5	10.4
壬醛	22.3	27.3
2-癸烯醛	16.5	20.2
2-十一烯醛	11.1	13.6
总计	81.8	100.0

表 2-5 丙基亚油酸不同温度下分解的主要产物（质量分数，%）

化合物	70℃（65h）	180℃（1h）
己醛	23.7	12.0
丙基辛酸	11.8	6.9
反-2，顺-4 癸二烯醛	0.9	0.9
反-2，反-4 癸二烯醛	2.6	3.4
丙基-9 氧代壬酸化物	14.1	6.4

2.2.5　脂肪酸氧化影响因子

在自然界中，脂肪酸的氧化反应是无时不在的，因此它常被称为自发反应。然而，严格意义上脂肪酸氧化不是一个自发反应，在热力学上，由于自旋态不同，氧气不能直接与双键发生反应。原因是基态氧原子是一个三线态氧分子，含有两个自由电子，这两个电子分布在单独轨道，且具有相同自旋方向和净正角动量。而双键是一个单重态，即没有不成对的电子，或者成对电子具有相反的旋转并处于同一轨道，或者没有净角动量。量子力学要求自旋角动量反应守恒，三线态氧分子不能反转成单重态，而双键被激发成三线态需要一定的活化能（E_a=35～65kcal/mol）。故而氧气分子不能直接和双键发生反应。因此脂肪酸要发生自氧化，需要接受一定的外界因素的激励。金属离子和温度是脂肪酸自氧化最为常见的诱导因素。此外，脂肪中一般都含有多种化合物及各种微量成分，这些微量成分和外部因素均能促进或抑制脂肪过氧化为脂肪酸。

1. 温度的影响

温度对自氧化反应影响效果明显。Natureplus 研究发现，温度每升高 15℃，自氧化反应速率提高一倍。当温度高于 180℃时，自氧化反应产生大量的热解产物。

2. 金属离子的影响

具有氧化还原活性的金属离子是脂肪酸氧化最为重要的引发剂。木材抽提物中通常含有多种价态的金属离子，研究表明，痕量（微摩尔级）的金属离子就足以对脂肪酸引起有效的催化作用。只有具备单电子转移能力的金属才能表现出催化活性，如钴、铁、铜、锰、镁和钒等。木材中常见的金属离子有 Fe^{2+}、Fe^{3+}、Mn^{2+}等。Wanasundara 和 Shahidi 研究发现：金属离子（Me^+或 Me^{2+}）作为催化剂参与脂肪氧化反应，使氢过氧化物形成过氧自由基和烷氧基，见式（2-8）和式（2-9）。

$$ROOH+Me^{2+} \longrightarrow ROO^{\cdot}+Me^{+}+H^{+} \qquad (2-8)$$
$$ROOH+Me^{+} \longrightarrow RO^{\cdot}+Me^{2+}+OH^{-} \qquad (2-9)$$

2.3　醛类及 VOC 释放控制方法的提出

2.3.1　化学方法

欧洲赤松板材醛类释放源是不饱和脂肪酸的热氧化裂解，实现抑制不饱和脂肪酸的自氧化活动，也许有可能达到控制板材醛类的释放的效果。根据上述设想，在板材制作过程中添加抗氧化剂，通过抑制不饱和脂肪酸的氧化反应达到控制板材醛类释放的目的。

1. 抗氧化剂的分类

添加少量的抗氧化剂可以中断脂肪氧化过程。抗氧化剂有不同的分类标准：根据来源分为天然抗氧化剂和合成抗氧化剂；依据作用机理可分为自由基清除剂、过氧化物分解剂、金属螯合剂等；根据化学构成分为酚类抗氧化剂和胺类抗氧化剂等；按照是否褪色分为脱色抗氧化剂和不褪色抗氧化剂。

Haase 和 Dunkley 认为，抗氧化剂应该符合下述要求：低浓度（0.01%～0.02%）、高效率、无毒或低毒、使用方便、处理安全、低挥发性、耐高温、不褪色，并且价格低廉。几种常用的抗氧化剂见表 2-6。

表 2-6　几种常见的抗氧化剂

化学名称	结构式	作用机理
丁基羟基茴香醚（叔丁基-4-羟基茴香醚，BHA）		释放氢原子阻断油脂自氧化
二丁基羟基甲苯（2，6-二叔丁基对甲酚，BHT）		自身发生自氧化
叔丁基对苯二酚（TBHQ）		自身发生自氧化
硫代二丙酸二月桂酯（DLTP）		清除氢过氧化物，延长诱导期
柠檬酸（CA）		与金属离子发生反应使其失去催化作用
乙二胺四乙酸（EDTA）		与金属离子发生反应使其失去催化作用

2. 抗氧化剂的作用机理

自由基清除（酚类和胺类抗氧化剂）或过氧化物分解（含有硫和磷的化合物）是抗氧化剂（AH）最为主要的两种作用机理。Kuze 和 Raschig 最早发现不同作用机理的抗氧化剂共同作用时会发生协同作用，其抗氧化效果优于单一种类抗氧化效果的累加。

1）酚类抗氧化剂——自由基清除剂

BHT、BHA 和 TBHQ 属于酚类抗氧化剂，这些抗氧化剂能与自由基发生化学反应，抑制、延迟自氧化活动的诱导阶段或阻断传递阶段的化学反应。其反应机理如式（2-10）~式（2-14）所示。以 TBHQ 为例简要介绍其抗氧化过程。

$$RCH_2^{\bullet}+AH \longrightarrow RCH_3+A^{\bullet} \tag{2-10}$$

$$ROO^{\bullet}+AH \longrightarrow ROOH+A^{\bullet} \tag{2-11}$$

$$RH+A^{\bullet} \longrightarrow AH+R^{\bullet} \tag{2-12}$$

$$ROO^{\bullet}+A^{\bullet} \longrightarrow ROOA \tag{2-13}$$

$$A^{\bullet}+A^{\bullet} \longrightarrow AA \tag{2-14}$$

TBHQ 通过与 ROO$^{\bullet}$反应形成半醌共同抑制自由基的氧化，从而阻断酯类自氧化的传导阶段。二羟基苯衍生物中最初生成的半醌自由基能继续与 ROO$^{\bullet}$反应形成稳定的醌的衍生物（图 2-7）。因此，TBHQ 同时可与自氧化反应的引发阶段和终止阶段产生的 ROO$^{\bullet}$发生反应，表现出较强的自由基清除能力。

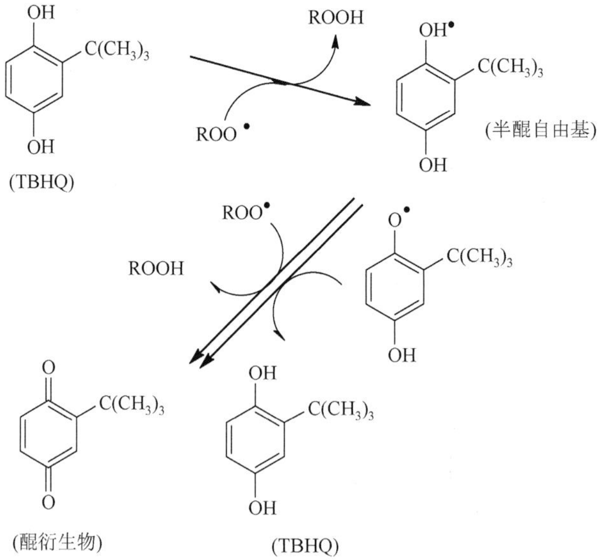

图 2-7 TBHQ 抗氧化剂反应原理

2）硫类抗氧化剂——过氧化物分解剂

硫类抗氧化剂如 DLTP,不能通过与自由基的化学反应生成稳定化合物。DLTP 在抗氧化反应中表现出促氧化的金属螯合作用或金属离子催化剂的性能, 在抗氧化反应中提供氢原子把氢过氧化物分解为稳定的化合物（图 2-8）。

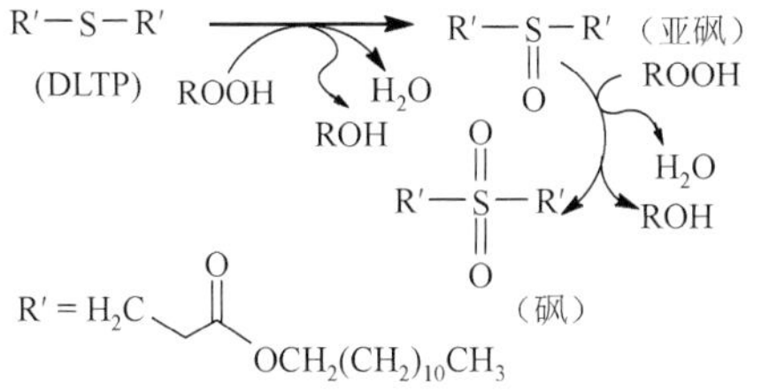

$$R'-S-R' \longrightarrow R'-\overset{O}{\underset{}{S}}-R' \text{（亚砜）} \longrightarrow R'-\overset{O}{\underset{O}{S}}-R' \text{（砜）}$$

（DLTP）　ROOH　H_2O　ROH　　ROOH　H_2O　ROH

$$R' = H_2C-\overset{O}{\underset{}{C}}-OCH_2(CH_2)_{10}CH_3$$

图 2-8　DLTP 抗氧化剂反应原理

木材抽提物中含有的痕量金属离子对引发阶段的氧化反应起促进作用。柠檬酸和 EDTA 的抗氧化机理与硫类抗氧化机理相似,主要通过与金属离子发生反应,把活性金属离子转化为失去氧化活性的金属离子,从而延迟引导阶段的反应,延长氧化反应的诱导期。同时,螯合剂受到金属离子价态和 pH 的影响,表现出中等抗氧化剂活性。

2.3.2　物理吸附方法

吸附分子以类似于凝聚的物理过程与表面结合,即以弱的范德华力相互作用,称为物理吸附。吸附剂表面与气体污染物之间依靠范德华力结合,但因吸附力比较弱,故吸附与脱附作用是可逆的。其优点是气体污染物浓度高、低的场合均可适用,吸附剂易再生;缺点是易吸附饱和,已吸附的污染物在条件发生变化时会释放出来。目前,国内外学者主要通过净化材料的吸附作用控制板材中 VOC 的释放,分子筛、氧化铝、活性炭和硅胶等是常用的物理吸附净化材料。研究表明,此方法对 VOC 的释放具有控制作用,但对于醛类的释放报道十分少见。

沸石分子筛的基本骨架元素是硅、铝及与其配位的氧原子,基本结构单元为硅氧四面体和铝氧四面体,四面体可以按照不同的组合方式相连,构筑成各式各样的沸石分子筛骨架结构（图 2-9）。

α 笼和 β 笼是沸石分子筛晶体结构的基础。α 笼为二十六面体,由 6 个八元环和 8 个六元环组成,同时聚成 12 个四元环,窗口最大有效直径为 4.5Å,笼的平均有效直径为 11.4Å; β 笼为十四面体,由 8 个六元环和 6 个四元环相连而成,窗口最大有效直径为 2.8Å,笼的平均有效直径为 6.6Å。A 型分子筛属立方晶系,晶胞组成为 $Na_{12}(Al_{12}Si_{12}O_{48})\cdot 27H_2O$。将 β 笼置于立方体的 8 个顶点,用四元环相互连接，围成一个 α 笼，α 笼之间可通过八元环三维相通，八元环是 A 型分子筛的主窗口，如图 2-9 所示。

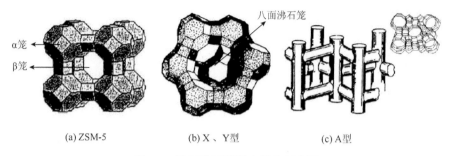

图 2-9　沸石分子筛晶穴结构示意图

　　沸石分子筛是一类无机微孔材料，具有优异的择形催化、酸碱催化、吸附分离和离子交换能力。沸石分子筛的发达孔隙结构使它具有很大的表面积，很容易与有毒有害气体充分接触，这些气体碰到毛细管就会被吸附，所以沸石分子筛具有较强的吸附能力，能在较大的酸碱度范围内使用。张大志等采用煅烧高岭土制备的纳米沸石分子筛和硅藻土进行合理复配，吸附去除水中有机污染物苯；与单独使用分子筛和硅藻土相比，经过复配后，提高了材料对水中苯系物的吸附量，并且减少了分子筛的使用量。孙剑平等利用水溶液离子交换法对 13X 沸石分子筛进行了 Ca^{2+} 交换改性，然后对沸石分子筛吸附醛类的性能进行了研究，发现 CaX 沸石对醛类的吸附量较高，穿透时间延长。由此可见，沸石的孔径和沸石骨架中的阳离子对提高醛类的吸附性能起了主要作用。经 Ca^{2+} 改性的 13X 分子筛吸附醛类的性能得到显著提高。

2.4　本章小结

　　本章首先明确了中密度纤维板中醛类释放源——脂肪酸的概念，研究了脂肪和脂肪酸的主要化学反应，并对脂肪酸的氧化反应过程进行研究，主要得出以下结论：

　　（1）脂肪酸的自氧化过程主要分为 4 步，即引发阶段、传递阶段、分解阶段和终止阶段。欧洲赤松 MDF 醛类的释放来自脂肪酸自氧化的分解阶段。

　　（2）结合脂肪氧化的化学反应，阐述脂肪酸和不饱和脂肪酸主要发生的自氧化反应，并对醛类产生的潜在途径及化学反应进行分析，以了解脂肪的氧化反应对醛类释放的作用。

　　（3）结合影响脂肪酸自氧化因素，明确温度、金属离子等诱导因子对脂肪酸抗氧化的催化反应，为降低欧洲赤松 MDF 醛类的释放提供了有利依据。

（4）在深入了解欧洲赤松 MDF 醛类释放的基础上，提出了降低欧洲赤松 MDF 醛类释放的多孔吸附材料法和抗氧化剂两种类型的添加剂。

参 考 文 献

陈静，陈红，马军宝，等. 2013. 纳米蒙脱土改性脲醛树脂制备胶合板研究[J]. 森林工程，29（6）：156-158

类成帅，沈隽，王高超. 2014. 阻燃杨木胶合板挥发性有机化合物释放研究[J]. 森林工程，30（2）：43-47

孙剑平，王国庆，崔淑霞. 2006. 改性沸石分子筛对甲醛气体吸附性能的初步研究[J]. 黑龙江医药，19（2）：101-103

万才超，刘玉，焦月，等. 2014. 热压工艺参数对三聚氰胺饰面刨花板甲醛释放量的影响[J]. 森林工程，30（2）：71-74

谢笔钧. 2011. 食品化学[M]. 3 版. 北京：科学出版社：76-89

张大志. 2007. 纳米分子筛复合材料去除水中苯系物的研究[D]. 天津：天津城市建设学院硕士学位论文

赵洺，姜利. 2012. 负载纳米 TiO_2 光催化材料涂料的试验研究[J]. 森林工程，28（3）：62-64

Backman A L. 1941. Najas marina in Finnland während der postglazialzeit[M]. 38S

Backman A L. 1943. Ceratophyllum submersum in Nordeuropa während der postglazialzeit[M]. 38S

Belitz H D，Grosch W. 1992. Lehrbuch der Lebensmittelchemie[M]. Berlin：Springer

Chan H W S. 1987. The mechanisms of autoxidation//Chan. Autoxidation of Unsaturated Lipids[M]. London：Academic Press：1-17，161-198

Ekman R，Holmbom B. 2000. Pitch Control，Wood Resin and Deresination[M]. Atlanta，GA：TAPPI Press：35-76

Faix O. 2003. Gundlagen der holzchemie. Analytische methoden der holzchemie. Vorlesungsskript Uiversität Hamburg[A]. Unveröffentlicht：24-56

Franzke C，Technik H. 1996. Allgemeines lehrbuch der lebensmittechemie[M]. Hamburg：Behr's Verlag：57-93

Granström K M. Emissions of hexanal and terpenes during storage of solid wood fuels[J]. Forest Products Journal，2010，60（1）：27-32

Haase G，Dunkley W L J. 1969. Metals and lipid oxidation. Contemporary issues[J]. Lipid Research，10：561-567

Hellwing M，Mörisel J T，Tülsner M. 1990. Lipoxygenasen-lhre bedeutung in der lipidchemie[J]. Nahiung-Food，5：449-463

Henderson S K，Witchwoot A，Nawar W W. 1980. The autoxidation of linoleates at elevated temperatures[J]. Journal of the American Oil Chemists Sciety，57（12）：409-413

Mörsel J Th，und Meusel D. 1990. Fortschrittsbericht Lipidperoxidation-2. MiU. Sekunddrreaktionen[J]. Die Nahrung，34（1）：13-28

Mrirsel J Th. 1990. Fortschrittsbericht Lipidperoxidation-1. Mitt. Primdrreaktionen[J]. Die Nahrung，3a（1）：3-12

Natureplus. 2003. Vergaberichtlinie 0203-OSB-Platten fUr das Bauwesen. natureplus e. V[ON]. http：//natureplus.org/data/download/RL0203OSBplatten. pdf[2003-12-20]

Pagini A. 2003. The 4th Internationales Symposium Nachwachsende Rohstoffe Beitrag[M]. Naturstoffe：5-10

Risholm-Sundman M. 2003. 用实地和实验室小空间释放法（FLEC）测甲醛释放量——复得率及与大气候箱法的相关性[J]. 人造板通讯：21-23

Römpp C D，Chemie L. CD Römpp Chemie Lexikon-Version 1.0[M]. Stuttgart/New York：Georg Thieme Verlag：55-62

Saranpää P，Nyberg H. 1987. Lipids and sterols of *Pinus sylvestris* L. Sapwood and Heartwood[J]. Trees，1（2）：82-87

Schaich K M. 1988. Fenton reactions in lipid phases[J]. Lipids，23（6）：570-578

Schaich K M. 1992. Metals and lipid oxidation. Contemporary issues[J]. Lipids, 27（3）: 209-218

Selke E, Rohwedder W K, Dutton H J. 1997. Volatile components from triolein heated in air[J]. J Am Oil Chern Soc, 54: 62-67

Tohmure S, Miyamoto K, Inoue A. 2005. Measurement of aldehyde and VOC emissions from plywood of various formaldehyde emission grades[J]. Mokuzai Gakkaishi, 51（5）: 340-344

Wanasundara P K J P D, Shahidi F. 2005. Antioxidants: Science, technology, and applications//Bailey's Industrial Oil and Fat Products[M]. sixth ed. New York: Wiley: 441-442

Xiong J Y, Zhang Y P, He Z K, et al. 2008. Effect of additive adsorption fibers within building materials on VOC emission characteristics[A]. Proceedings of Indoor Air 2008, Copenhagen Denmark

第3章 MDF醛类释放物的检测

为评估和监管人造板释放的挥发性有机污染物，美国住宅和城市规划部于1984年制定了刨花板游离甲醛释放量的气候箱（22.6m³）测试标准和甲醛限量自愿标准。德国国家标准也提出了甲醛释放量的气候箱测试法标准程序，但推荐使用环境释放舱法来采集室内装饰材料及相关制品中包括甲醛在内的可挥发性有机物。这是因为采用气候箱法采集气样往往对试样的尺寸有较为严格的限制，而对普通材料缺乏适应性，同时其采样周期也较长。Jan等利用检测涂漆板材释放VOC的实验证明了VOC释放与环境舱的体积没有关系，这一研究结果说明，环境释放舱法有较宽使用范围和较好的适应性。因具有较好的检测成本优势，环境释放舱多用于常规制品VOC的检测，近些年来其也被用于预测和评价产品VOC的释放模型等研究领域。目前，环境释放舱法因能较准确地反映产品在实际使用环境中有机物的挥发情况而逐渐成为人造板行业较为通用的测试方法。

随着医药、食品、汽车行业的发展，微池热萃取仪被广泛应用于检测这些行业材料中挥发性有机物的释放。近年来这种设备也被用来测试木制品中VOC的释放，该测试方法也称VOC快速检测法。相对于环境释放舱法，微型释放舱最为明显的特点是能在较高温度（100～220℃）条件下快速采集检测板材的VOC。同时，由于样品尺寸小（试件最大直径50～60mm），VOC快速检测法能有效节约实验成本。

本章将采用快速测试法和环境释放舱法两种方法检测欧洲赤松MDF醛类及其他VOC的释放情况，结合GC/MS测试技术和所测结果，对比分析两种测试方法的异同性及相关性，为后续章节醛类及其他VOC的研究提供支撑。

3.1 环境释放舱测试法

3.1.1 工艺设计与性能测试

1. 压制MDF

欧洲赤松中密度纤维板是在德国联邦农业、林业和渔业研究所木材系实验室制备的，工艺过程如下：

（1）将纤维在温度80℃条件下干燥至含水率2%～3%，密封备用；

（2）在热压温度为200℃、热压时间为10s/mm、压力为2.5MPa、施胶量为

12%、密度为 0.7kg/cm³、幅面尺寸为 400mm×400mm、厚度为 16mm 的工艺下压制中密度纤维板；

（3）压制好的板材冷却至室温后（约 1h），从板材中间分别裁取尺寸 210mm×210mm（23L 环境舱用试件尺寸）和 107mm×107mm（15L 环境舱用试件尺寸）的试件后，先使用锡箔纸包裹，然后真空密封，置于–20℃冰柜中保存。

压制的欧洲赤松中密度纤维板所用纤维、胶黏剂和固化剂具体参数如下：

（1）纤维：工业用欧洲赤松（*Pinus sylvestris* L.）纤维，初始含水率 6%；购于挪威。纤维长度为 0.5～5mm，纤维宽度为 20～50μm，胞壁厚度为 4～10μm。

（2）胶黏剂：脲醛树脂胶黏剂购于德国巴斯夫化工公司（BASF-The Chemical Company），批号 UF337，固体含量 68%，密度 1.3g/cm³，pH7.6，黏度 320mPa·s（20℃）。

（3）固化剂：NH_4Cl，浓度 20%，用量 1.5%。

2. 醛类及 VOC 的采集

采样前 1h 将试件从冰柜中取出，使之与室内温度平衡后打开真空包装袋。为了防止板材边部释放，采用铝箔纸胶带对试件进行封边处理，各边分别包裹 1cm。板材 VOC 采样前先用色谱纯甲醇擦拭小型环境舱内表面及顶盖，清洗后将装置在空间中晾置风干，环境舱结构如图 3-1 所示。将 23L 和 15L 小型环境舱的参数按表 3-1 进行设置，等待测试条件达到要求后，利用 Tenax TA 管采集空白环境舱中的空气，检测环境舱背景浓度。一般情况下，参照内标物甲苯色谱图面积分析的背景浓度低于 20ng/m³，单个有机物浓度低于 5ng/m³ 为正常背景，即可开始测试样品 VOC 的释放。

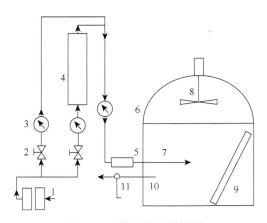

图 3-1　环境释放舱结构图

1. 通载气；2. 控制阀；3. 流量计；4. 盛水瓶；5. 传感器；6. 真空干燥器；7. 进气端；8. 风扇；9. 试件；10. 出气端；11. 采样端

表 3-1　两个环境释放舱的对比

参数	23L 环境释放舱	15L 环境释放舱
体积/m³	0.023	0.015
试件面积/m²	0.072	0.015
装载率/（m²/m³）	3.1	1
换气量/（m³/h）	0.072	0.015
空气交换率/（次/h）	3.1	1
单位面积换气量/［m³/（m²·h）］	1	1
温度/℃	23（±0.5）	23（±0.5）
湿度/%	50（±0.5）	50（±0.5）

3. VOC 的测试与分析

1）响应曲线的获取

采用气相色谱质谱联用仪（GC/MS）对板材释放的 VOC 成分进行分析前，需要确定测试物质与响应值直接的关系回归曲线。以甲醇为溶剂，移取一定量的氘代甲苯溶于甲醇中，配制浓度为 200ng/μL 的溶液。根据实际经验及相关要求，按照一定配比，移取一定量的被测化合物，如糠醛、辛醛、壬醛、α-蒎烯、β-蒎烯等，配制多种浓度的混合溶液。对于无法获取的稀缺类化合物，采用同类物质代替的方式，如 α-蒎烯可代替萜烯类。分别移取 1μL 配制好的各种浓度的溶液，运用 GC/MS 进行定量分析，得出各种被测化合物与内标物质（氘代甲苯）响应值之间的回归方程。利用此方程对样品进行定量分析，以精确确定样品中各化合物的浓度。

2）采样前准备

以色谱纯甲醇为溶剂，氘代甲苯为溶质，配制浓度为 200ng/μL 的标准液；采样前每支 Tenax TA 管注入 1μL（浓度 200ng/μL）的标准液。

3）热解析条件

解析温度为 280℃，解析时间为 7min。冷阱温度–15℃；吹扫速度 22mL/min，分流比 19.3∶1。

4）GC/MS 测试条件

安捷伦 VF1701 毛细管色谱柱，柱长 30m，内径 0.25mm，膜厚 0.25μm；色谱柱升温程序：32℃保留 3min，以 4℃/min 升至 90℃保留 4min，以 8℃/min 升至 200℃，再以 12℃/min 升至 240℃保留 2min；GC/MS 接口温度 270℃，进样口温度 250℃；质谱条件：电离源 EI，电子能量 70eV，离子源温度 230℃，扫描范围 29～300u。

5）分析方法

采用 GC/MS 对欧洲赤松板材释放的 VOC 进行定性和定量分析。并利用 Excel和 Mintab 统计分析软件，对采集的数据进行回归分析和相关分析，针对欧洲赤松中密度纤维板各类 VOC 释放与环境释放舱参数的关系，通过回归分析、相关分析的方法进行分析，得到它们的相关系数、回归方程及拟合图等，并讨论其中的规律性。

3.1.2　不同容积环境释放舱测试 MDF 醛类释放

1. 15L 环境释放舱

图 3-2 为欧洲赤松 MDF 在 15L 环境释放舱中释放的醛类、酸类、萜烯及 TVOC随时间变化的趋势。醛类和酸类为欧洲赤松 MDF 试件释放的 VOC 的主要组分（表 3-2），两者之和占挥发性有机物释放总量的 80.19%（1d）至 98.53%（21d）。欧洲赤松 MFD 中醛类的释放呈现出随着测试时间的延长释放量逐步增加的趋势。醛类的释放量从 99μg/m^3（1d）上升到 264μg/m^3（28d），其释放量从 14d 以后增长缓慢，前 14 天醛类占 TVOC 量的百分比从 16.18%上升到 48.46%，后 14 天上升到 61.83%，增速明显降低。与之相反，酸类和萜烯的释放随测试时间的延长而逐渐下降，前 7 天为快速下降时期，7 天以后下降趋势趋于平缓。其中，酸类的释放量从 394μg/m^3（1d）下降到 155μg/m^3（28d），相应地，酸类占 TVOC 的百分比从 64.38%下降到 36.30%。TVOC 释放规律与酸类释放规律类似，释放量从612μg/m^3（1d）下降到 408μg/m^3（21d），第 28 天受醛类增长幅度的影响而有所增长（427μg/m^3）。

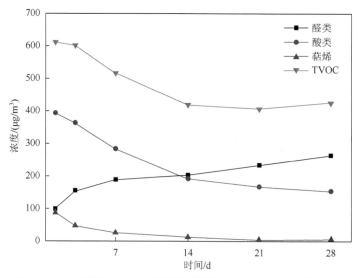

图 3-2　MDF 释放的 VOC 浓度随时间的变化（15L 环境释放舱）

表 3-2　第 1 天欧洲赤松 MDF 释放 VOC 的主要成分及浓度

序号	名称	保留时间/min	浓度/（µg/m³）	
			15L	23L
1	戊醛	4.15	2.03	0
2	乙酸	3.93	258.7	261.49
3	己醛	7.08	76.51	87.05
4	α-蒎烯	8.92	2.19	8.09
5	2-己烯醛	9.58	3.66	4.02
6	莰烯	9.67	13.18	8.31
7	糠醛	9.78	5.58	3.08
8	庚醛	10.32	1.74	0
9	β-蒎烯	10.63	8.95	4.49
10	3-蒈烯	11.47	3.75	4.03
11	柠檬烯	12.31	10.27	5.15
12	菲兰烯	12.59	2.13	0
13	2-庚烯醛	12.81	2.65	4.61
14	对伞花烃	12.88	3.38	1.89
15	苯甲醛	13.31	4.99	2.48
16	1-辛烯-3-醇	13.35	1.89	4.49
17	萜品油烯	14.27	8.46	2.16
18	己酸	16.32	136.37	139.46
19	壬醛	17.89	2.29	0
20	松油醇	21.29	30.98	52.61
21	长叶烯	24.54	15.6	9.25

2. 23L 环境释放舱

图 3-3 为欧洲赤松 MDF 在 23L 环境释放舱中释放的醛类、酸类、萜烯及 TVOC 随时间变化的趋势。由图 3-3 及表 3-2 可以看出，与板材在 15L 环境释放舱中 TVOC 释放结果相比，各类 VOC 释放趋势总体不变。在本次测试中，酸类的释放量由 401µg/m³（1d）降低到 139µg/m³（28d），分别占 VOC 浓度总和的 64.06%和 30.10%。酸类在前 14 天为快速下降时期，浓度减少了 200µg/m³，百分比降低了 52.37%，14 天之后下降趋势趋于平缓。醛类的释放量由 101µg/m³（1d）增长为 273µg/m³（28d），分别占 TVOC 浓度的 16.13%和 65.00%。第 28 天醛类释放量的增长导致 VOC 总释放量在该天的测试值明显增大。各类 VOC 在 28 天的释放量分别为

273μg/m³（醛类）、139μg/m³（酸类）、6μg/m³（萜烯）和 420μg/m³（TVOC）。

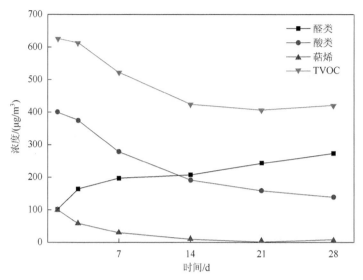

图 3-3　MDF 释放的 VOC 浓度随时间的变化（23L 环境释放舱）

由图 3-2、图 3-3 及表 3-2 可以看出，欧洲赤松中密度纤维板中检测出的挥发性有机化合物主要分为四大类，在对第 1 天检测的 VOC 组分分析后发现：共检测出 21 种挥发性有机化合物，其中醛类化合物 8 种，萜烯类化合物 9 种，有机酸 2 种，醇类化合物 2 种。欧洲赤松 MDF 第 1 天释放 VOC 的主要成分为酸类、醛类及萜烯类化合物，其中酸类化合物总浓度最高，15L 及 23L 环境释放舱对应的浓度分别为 404μg/m³ 和 401μg/m³，占 VOC 总量的 64.38%和 64.06%；其次为醛类化合物，两个环境释放舱检测的浓度分别为 99μg/m³（15L）和 101μg/m³（23L），占 VOC 总量的 16.18%和 16.13%；萜烯类化合物的浓度分别为 87μg/m³（15L）和 99μg/m³（23L），占 VOC 总量的 14.22%和 15.81%。醛类化合物释放占 VOC 总量的百分比随着测试时间的延长有所提升，在第一天分别为 16.18%（15L）和 16.13%（23L），到第 28 天上升为 61.83%（15L）和 65.00%（23L）。

此前研究表明：在欧洲赤松板刨花板中主要释放的两类物质为萜烯和醛类化合物，而在本次测试中萜烯化合物的释放在欧洲赤松中密度纤维板中并未占主导地位，可能存在的原因有两种：一是由于萜烯释放量受到木材处理程度的影响，处理程度越深，萜烯类释放越少，这也是纤维板萜烯类化合物释放比刨花板少的主要原因；第二个可能存在的原因是萜烯的释放量受到纤维陈放时间的影响。挥发性醛类有机化合物首先形成于板材制备完成后。由图 3-2 及图 3-3 中醛类的明显增长趋势可以看出，在整个测试期间也会不断地生成醛类，这与前人研究结果一致。己醛和戊醛是醛类的主要释放物质，同时伴随有少量的其他饱和醛和不饱和醛类的释放，如庚醛、壬醛和 2-辛烯醛等。欧洲赤松中密度纤维板中释放的主要酸类化合物是乙酸和己酸，这一检测结果跟国外许多研究结果相似。除了醛类和有机酸外，欧洲赤松板材还释放出少量的萜烯、醇类和烃类化合物。

醛类及酸类化合物主要来自两部分的化学变化，一是针叶材所含木材抽提物中树脂酸的氧化分解，二是木材三大主要构成成分纤维素、半纤维素及木质素的热解。木材中含有的有机酸的氧化反应是不间断进行的，其分解受到外界温度、氧气、湿度等条件的影响，由此导致其分解产物醛类及酸类的释放同样受到外界储存条件的影响。酸类的释放量随着木材或木材纤维等原料陈放时间的延长而逐渐减少，醛类的释放规律随陈放时间呈现先增加再降低的趋势。

3. 不同容积环境释放舱相关性

不同容积环境释放舱测试结果在对比分析时是以单位面积换气量为依据的。这也是 $1m^3$ 气候箱与小型环境释放舱测试结果可以比较的原因。同时，由表 3-1 两个环境释放舱测试参数可以看出，15L 和 23L 环境释放舱设定的单位面积换气量均为 $1m^3/(m^2·h)$，因此，本书中不同容积的环境释放舱测试结果可以进行分析比较。

两个环境舱检测到的 VOC 的组分分类及汇总见表 3-3。由表 3-3 可以知，两种不同容积的环境释放舱检测的 VOC 及其组分浓度存在一定的偏差，数据存在偏差的原因可能有：①木材自身的差异性导致 VOC 释放有所不同；②板材制作过程中原料分布不均匀致使 VOC 测试结果的差异；③两种释放舱所用循环气体不一样，23L 环境释放舱采用洁净空气，而 15L 环境释放舱采用纯净氮气，从而可能导致两个环境舱的 VOC 释放产生差异。有学者通过实验证明了氮气和空气对 VOC 释放的影响因不同的 VOC 种类而异，但是影响程度不大。因此检测数据的不一致可能与循环气体不一致有关。而检测数据和采集数据的随机误差和系统误差，以及数据分析系统的不同也会造成检测结果的偏差。

表 3-3　不同环境释放舱检测的 VOC 浓度

类别	1d		3d		7d		14d		21d		28d	
	15L	23L	15L	23L	15L	23L	15L	23L	15L	23L	15L	23L
醛类	99	101	156	164	189	197	204	207	234	243	264	273
酸类	394	401	364	375	284	279	193	191	168	169	155	139
萜烯	87	99	48	59	26	30	13	11	4	2	6	6
其他	32	25	34	15	18	16	11	5	2	2	2	2
TVOC	612	626	602	613	517	522	421	424	408	406	427	420

图 3-4 为欧洲赤松中密度纤维板释放的 VOC 在 15L 环境释放舱检测值与在 23L

环境释放舱检测值的相关性拟合图，醛类、酸类、萜烯和 TVOC 的拟合属于非线性拟合，二者之间存在很高的拟合度。15L 环境释放舱和 23L 环境释放舱检测 VOC 的回归方程见表 3-4，除萜烯外，两者是正相关关系，其中 TVOC 的相关系数为 0.999，相关性极强；酸类为 0.997，相关性较 TVOC 次之；而萜烯的相关系数最小（0.994），由其 F 值也可以看出，在 VOC 的四个比较项中拟合方程的显著性较差。分析两种不同容积环境释放舱检测的各种 VOC 的相关性及拟合度可知，两种容积的环境释放舱在单位面积换气量相同的测试条件下，检测板材 VOC 释放浓度的相关性很好。

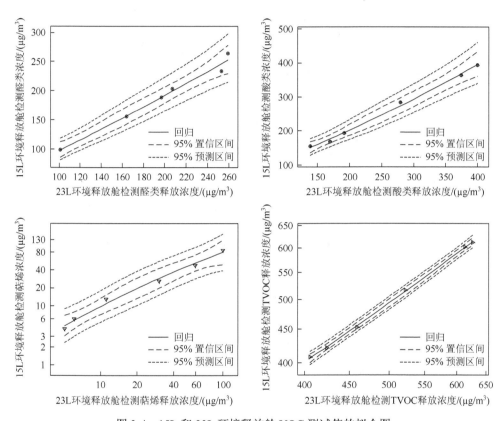

图 3-4 15L 和 23L 环境释放舱 VOC 测试值的拟合图

表 3-4 15L 与 23L 环境释放舱 VOC 测试值的回归分析

指标	回归方程（$y=ax^2+bx+c$）	相关系数（R）	F 值	P 值
醛类	$y=0.2056x^2+0.090x+0.989$	0.996	175.40	0.000
酸类	$y=0.3557x^2-0.778x+2.212$	0.997	281.94	0.000
萜烯	$y=-0.1417x^2+1.339x-0.205$	0.994	126.97	0.001
TVOC	$y=0.1677x^2+0.047x+1.344$	0.999	378.05	0.000

3.2　快速测试法

3.2.1　方法设计与性能测试

选取微池热萃取释放舱（图 3-5）的舱内温度、气体交换率和采样起始时间 3 个采样参数进行单因素试验，考察采样参数的变化对欧洲赤松中密度纤维板醛类及其他 VOC 释放的影响，具体参数设置见表 3-5。

图 3-5　微池热萃取释放舱

表 3-5　微型释放舱参数设置表

温度/℃	载气流速/（mL/min）	起始时间/min
23/40/60/80/100	100	30
23	50/100/150/200/250	30
23	100	0/15/30/60/120

将 3.1.1 节中制备的欧洲赤松中密度纤维板裁成直径为 46mm 的小试件后，放置于清洗后背景浓度合格的微池热萃取释放舱内，利用 Tenax TA 管（200ng，60～80 目）吸附采集纤维板的 VOC，通过气相色谱-质谱联用仪对纤维板释放的 VOC 进行定性定量分析，VOC 测试方法与分析方法同 3.1.1 小节。

3.2.2　释放舱温度对 MDF 的 VOC 释放的影响

1. 醛类释放

图 3-6 为释放舱温度在 23℃、40℃、60℃、80℃和 100℃时欧洲赤松中密度纤维板醛类释放情况。由图可以看出，不同释放舱温度条件下检测的欧洲赤松 MDF 醛类的释放趋势基本相同，即随着测试时间的延长醛类呈现随着测试舱温度的增长而增长的趋势。任一温度条件下，板材中醛类的释放规律仍然是随着暴露时间的延长出现逐步增长的趋势。

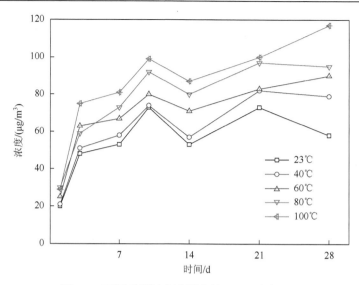

图 3-6　不同采样温度欧洲赤松 MDF 醛类释放

　　在前 3 天释放舱温度对醛类释放的影响不明显，第 1 天醛类浓度随温度的升高依次为 20μg/m³（23℃）、21μg/m³（40℃）、25μg/m³（60℃）、30μg/m³（80℃）和 29μg/m³（100℃）。从第 3 天开始，释放舱温度与醛类浓度的关系逐步明显。前期释放舱温度与醛类浓度不明显的原因主要为纤维的差异性的作用效果大于释放舱环境温度对其的影响。在第 7 天，醛类的浓度分别为 53μg/m³（23℃）、58μg/m³（40℃）、67μg/m³（60℃）、73μg/m³（80℃）和 81μg/m³（100℃），此时醛类浓度受释放舱温度的影响已经开始明显显现出来。第 28 天的测试时间点上，释放舱温度对醛类的影响最为显著，23℃时欧洲赤松板材醛类浓度为 58μg/m³、40℃时为 79μg/m³、80℃时为 95μg/m³，而 100℃时为 117μg/m³。

　　通过表 3-6 和图 3-7 不同释放舱温度对纤维板各测试点醛类释放总量的单因素拟合图及方差分析可知，释放舱温度对纤维板醛类的释放量影响较为显著。

表 3-6　不同释放舱温度与欧洲赤松 MDF 醛类释放量的回归分析

测试时间/d	回归方程（$y=ax^2+bx+c$）	相关系数（R）	标准差（S）	F 值	P 值
1	$y=-16.580x^2+49.08x-34.38$	0.969	0.089	25.73	*
3	$y=-15.630x^2+58.52x-52.80$	0.943	0.114	13.67	*
7	$y=-9.842x^2+39.09x-36.76$	0.995	0.033	94.26	*
14	$y=-5.445x^2+22.59x-21.35$	0.981	0.070	59.22	*
21	$y=-19.190x^2+78.58x-78.44$	0.973	0.083	34.10	**
28	$y=-0.515x^2+4.18x-4.42$	0.983	0.066	28.52	*

**表示在 0.01 水平上显著；*表示在 0.05 水平上显著。

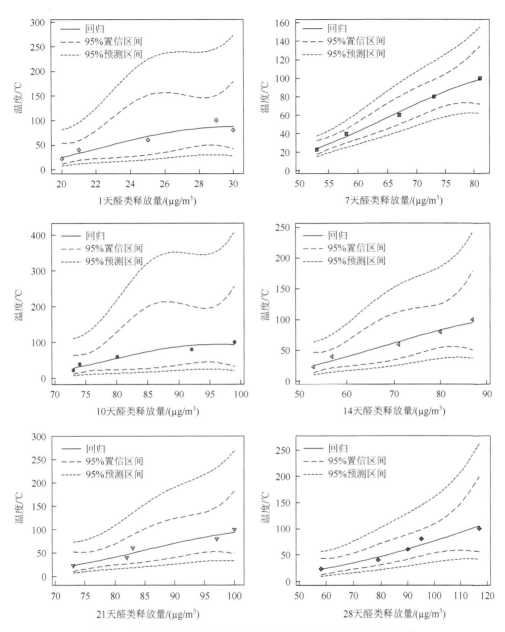

图 3-7　不同释放舱温度与欧洲赤松 MDF 醛类释放量的拟合图

2. TVOC 释放

通过上述分析，明确了释放舱温度对欧洲赤松 MDF 醛类释放的影响及变化趋势后，同时需要考察释放舱温度对欧洲赤松 VOC 释放总量的影响。图 3-8 为释放舱温度在 23℃、40℃、60℃、80℃和 100℃时欧洲赤松中密度纤维板 TVOC 的释放情况。

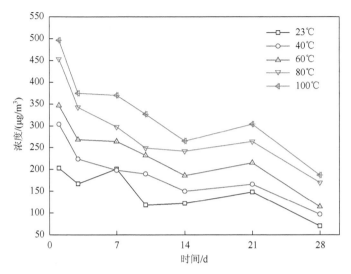

图 3-8　不同采样温度欧洲赤松 MDF 的 TVOC 释放

　　由图可以看出，释放舱温度对欧洲赤松中密度纤维板 TVOC 释放的影响比较明显，随着释放舱温度的提升，板材的 TVOC 释放量呈现不断增长的趋势。与板材醛类的释放随着测试时间的延长出现逐步增长的趋势不同，TVOC 的释放量随着测试时间的延长呈现逐步下降的趋势。

　　通过表 3-7 和图 3-9 环境释放舱温度对欧洲赤松中密度纤维板 TVOC 释放量的回归分析和拟合图可以看出，两者具有较高的相关系数，结合显著性 P 值分析可知，释放舱温度与欧洲赤松板材 TVOC 释放量之间具有很好的相关性，环境舱温度对板材 TVOC 释放影响显著。

表 3-7　不同释放舱温度与欧洲赤松 MDF 的 TVOC 释放量的回归分析

测试时间/d	回归方程（$y=ax^2+bx+c$）	相关系数（R）	标准差（S）	F 值	P 值
1	$y=0.133x^2+0.960x-1.569$	0.992	0.045	62.89	**
3	$y=-0.980x^2+6.48x-8.208$	0.997	0.028	164.63	**
7	$y=-6.228x^2+32.35x-40.010$	0.983	0.066	32.39	—
14	$y=-2.665x^2+13.82x-15.87$	0.996	0.031	115.88	**
21	$y=-3.853x^2+19.79x-23.40$	0.988	0.055	57.64	*
28	$y=-1.654x^2+8.241x-8.24$	0.991	0.047	57.88	*

**表示在 0.01 水平上显著；*表示在 0.05 水平上显著。

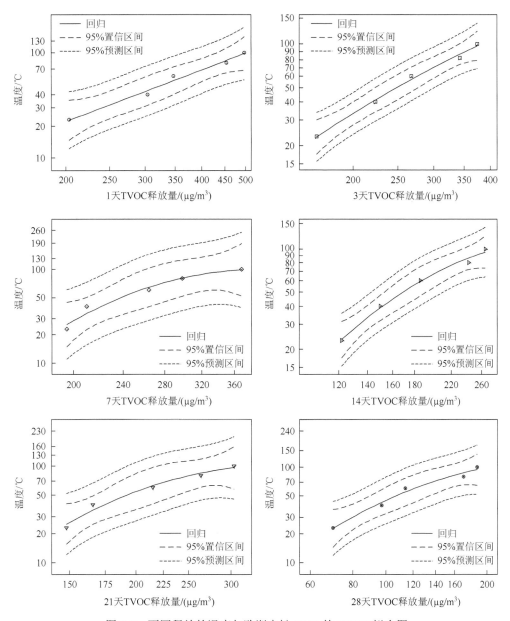

图 3-9　不同释放舱温度与欧洲赤松 MDF 的 TVOC 拟合图

3. 酸类和萜烯类释放

酸类化合物释放受环境释放舱温度影响最大，其次为萜烯类物质，两类有机物共同影响 VOC 的释放，从而导致板材 VOC 释放量受释放舱温度的影响十分明显（表 3-8）。酸类和萜烯类两类化合物之和占第一天测试 TVOC 的 81.77%～

87.17%。两类化合物浓度随板材测试时间延长下降速率有所不同,在测试点的 1～7 天期间内两种化合物浓度之和占 TVOC 的百分比下降至 64.76%～69.46%。在第 14 天的测试结果中,萜烯和酸类浓度之和在 TVOC 中的比例为 51.64%～61.57%。比较 23℃和 40℃萜烯和酸类释放结果可以发现,其浓度分别为 70μg/m³ 和 79μg/m³(21d),相差较小,而在 60℃、80℃和 100℃之间相差较大,浓度分别为 124μg/m³、160μg/m³ 和 196μg/m³(21d)。在第 28 天的测试时间点上,酸类和萜烯占 TVOC 的百分比已经下降至 14.29%～41.76%,由此可见,环境释放舱温度对萜烯和酸类的影响十分明显。

表 3-8　　不同释放舱温度中酸类和萜烯类及 TVOC 的释放（μg/m³）

测试时间/d	23℃		40℃		60℃		80℃		100℃	
	酸和萜烯	TVOC	酸和萜烯	TVOC	酸和萜烯	TVOC	酸和萜烯	TVOC	酸和萜烯	TVOC
1	166	203	265	304	291	347	381	454	427	497
3	106	167	157	224	181	268	252	343	263	375
7	127	195	136	210	171	264	198	298	257	370
14	63	122	86	150	103	186	149	242	162	265
21	70	148	79	166	124	215	160	264	196	304
28	10	70	15	97	21	114	71	170	66	187

4. 温度作用机理

欧洲赤松木材抽提物中含有大量的饱和脂肪酸、不饱和脂肪酸、酯类和单萜烯等成分。醛类的释放主要受到不饱和脂肪酸氧化的影响,不饱和脂肪酸氧化降解生成短链醛、醇类和少量的酮。木材主要构成成分纤维素、半纤维素和木质素在热压过程中发生的热解反应也是醛类、酸类、醇类化合物的潜在来源。脂肪酸的氧化反应受到外界温度的影响,较高的温度能对自氧化反应具有促进作用。本小节检测到的萜烯类化合物的含量比较低,醛类和酸类化合物浓度上升明显,推断在较高释放舱温度（100℃）环境下,脂肪酸自氧化程度比较低温度条件下高。脂肪酸氧化成不稳定氢过氧化物,氢过氧化物键的断裂产生了醛类等挥发性有机化合物。此外,微池环境释放舱温度的升高,使得欧洲赤松板材内的温度上升速度加快,有助于板材内部挥发性物质的气化释放。综合考虑微池环境释放舱温度对板材释放的醛类和 VOC 的影响,本测试结果表明:设置接近室内温度的微池环境舱温度（23℃）,是通过快速测试法考察欧洲赤松中密度纤维板 VOC 释放的较为适合的温度条件。

3.2.3　载气流速对 MDF 的 VOC 释放的影响

1. 醛类释放

微池环境释放舱载气的流速对板材挥发性有机物的释放量具有一定影响，由于尚没有关于 VOC 快速测试标准出台，快速测试方法尚处于摸索阶段。本研究初步设定了以下五个载气流速考察板材挥发性有机物的释放情况。在释放舱载气流速分别为 50mL/min、100mL/min、150mL/min、200mL/min 和 250mL/min 的条件下，测定欧洲赤松中密度纤维板在第 1 天、3 天、7 天、10 天、14 天、21 天和 28 天醛类释放情况，载气流速对欧洲赤松纤维板醛类释放量的影响作用如图 3-10 所示。

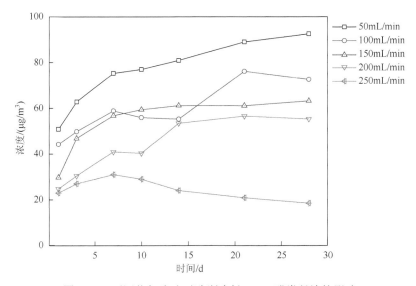

图 3-10　不同载气流速对欧洲赤松 MDF 醛类释放的影响

由图 3-10 可知，纤维板醛类释放量随着载气流速的增加呈下降趋势，尤其是换气量增加至 250mL/min 时醛类的释放量下降最为明显。载气流速为 50mL/min 时，欧洲赤松纤维板醛类的浓度由 $51\mu g/m^3$（1d）上升到 $92\mu g/m^3$（28d），增加了 $41\mu g/m^3$。载气流速为 100mL/min 时醛类释放量由 $44\mu g/m^3$（1d）上升到 $73\mu g/m^3$（28d），增加了 $29\mu g/m^3$。载气流速为 150mL/min 和 200mL/min 时欧洲赤松纤维板醛类释放量分别增加了 $37\mu g/m^3$ 和 $30\mu g/m^3$。而当载气流速为 250mL/min 时，检测到欧洲赤松纤维板醛类释放量由 $31\mu g/m^3$（7d）下降到 $19\mu g/m^3$（28d），减少了 $12\mu g/m^3$。

通过表 3-9 和图 3-11 释放舱载气流速对欧洲赤松中密度纤维板各测试点醛类释放总量的单因素拟合图及方差分析可知，二者的相关性很好，但在前 10 天测试期间载气流速对醛类释放量的影响并不显著。14 天以后，释放舱载气流速对欧洲赤松纤维板醛类的释放量影响较为显著。

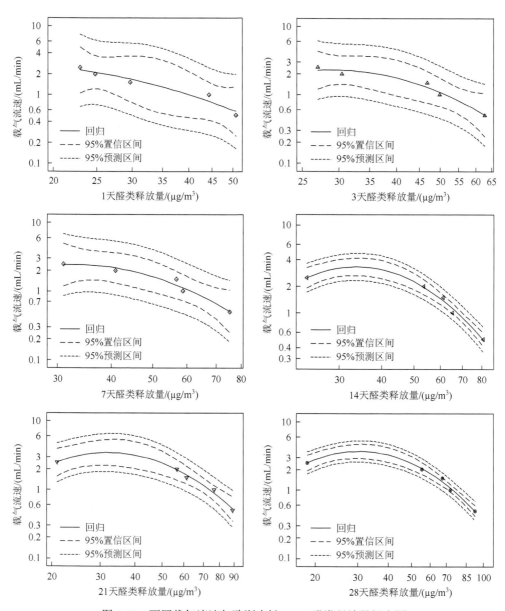

图 3-11　不同载气流速与欧洲赤松 MDF 醛类释放量拟合图

表 3-9　不同载气流速与欧洲赤松 MDF 醛类释放量的回归分析

测试时间/d	回归方程（$y=ax^2+bx+c$）	相关系数（R）	标准差（S）	F 值	P 值
1	$y=-2.522x^2+6.01x-3.135$	0.971	0.094	16.33	—
3	$y=-5.791x^2+16.92x-11.990$	0.981	0.075	26.02	—
7	$y=-5.210x^2+15.79x-11.581$	0.983	0.076	32.39	—
10	$y=-3.959x^2+11.70x-8.250$	0.950	0.121	13.03	—
14	$y=-5.780x^2+17.67x-12.981$	0.995	0.036	162.65	**
21	$y=-4.169x^2+12.56x-8.912$	0.993	0.045	66.89	*
28	$y=-3.729x^2+11.06x-7.629$	0.996	0.035	168.00	**

**表示在 0.01 水平上显著；*表示在 0.05 水平上显著。

2. TVOC 释放

　　了解了释放舱载气流速对欧洲赤松中密度纤维板醛类释放量的影响之后，需要同时考虑载气流速对板材 TVOC 释放的影响，综合考察板材醛类和 TVOC 的释放量，最终确定载气流速对欧洲赤松中密度纤维板挥发性有机化合物释放的影响。在释放舱载气流速分别为 50mL/min、100mL/min、150mL/min、200mL/min 和 250mL/min 的条件下，对 28d 测试期内欧洲赤松中密度纤维板 TVOC 释放进行测定，结果如图 3-12 所示。

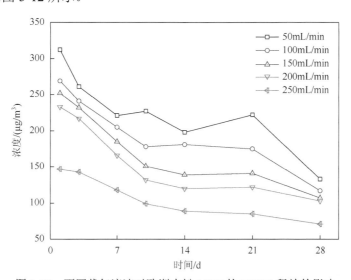

图 3-12　不同载气流速对欧洲赤松 MDF 的 TVOC 释放的影响

　　由图 3-12 可知，随着释放舱载气流速的提高，欧洲赤松中密度纤维板 TVOC 释放量逐步降低。在前 7 天，TVOC 快速释放期内，载气流速在 50～200mL/min 之间测试的板材 TVOC 释放量下降比较明显，50mL/min、

100mL/min、150mL/min 和 200mL/min 条件下测试的板材 TVOC 浓度与第 1 天测试值相比分别降低了 29.81%、18.87%、26.59%和 28.76%，而载气流速为 250mL/min 条件下测试的板材第 1 天释放量仅为 147μg/m³，第 7 天释放 TVOC 浓度降低了 29μg/m³，降低率为 19.73%。相对来说，载气流速越高，板材挥发物初始释放浓度越低，同时 TVOC 释放量降低的速率也偏低。14d 以后板材 TVOC 释放速率相对降低，除 50mL/min 条件下检测的板材在 21d 的 TVOC 释

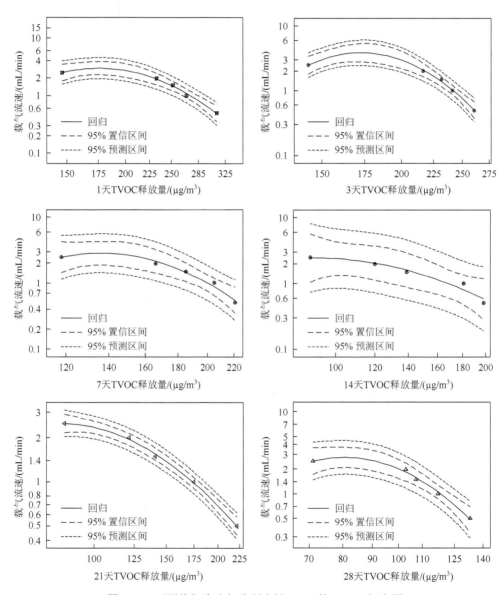

图 3-13　不同载气流速与欧洲赤松 MDF 的 TVOC 拟合图

放量有所提高外，其余载气流速下的板材 TVOC 释放量下降比较平缓。以载气为 250mL/min 条件下测试的板材表现最为突出，板材释放的 TVOC 浓度为 85μg/m³（21d）和 71μg/m³（28d）。

　　由表 3-10 和图 3-13 中环境释放舱载气流速对欧洲赤松中密度纤维板 TVOC 释放量的回归分析和拟合图可以看出，除第 14 天外（0.975），二者具有较高的相关系数（大于 0.990），结合显著性 P 值分析可知，释放舱载气流速与欧洲赤松板材 TVOC 释放量之间具有很好的相关性，环境舱载气流速对板材 TVOC 释放影响显著。

表 3-10　不同载气流速与欧洲赤松 MDF 的 TVOC 释放量的回归分析

测试时间/d	回归方程（$y=ax^2+bx+c$）	相关系数（R）	标准差（S）	F 值	P 值
1	$y=-12.701x^2+56.99x-63.492$	0.996	0.033	133.25	*
3	$y=-27.919x^2+124.90x-39.297$	0.996	0.031	150.76	*
7	$y=-16.082x^2+69.61x-72.725$	0.990	0.054	49.86	*
10	$y=-4.262x^2+16.57x-15.701$	0.999	0.018	448.70	**
14	$y=-4.262x^2+156.57x-15.699$	0.975	0.086	19.45	—
21	$y=-4.169x^2+12.56x-8.912$	0.993	0.045	66.89	*
28	$y=-3.729x^2+11.06x-7.629$	0.996	0.035	168.00	**

**表示在 0.01 水平上显著；*表示在 0.05 水平上显著。

3.2.4　采样起始时间对 MDF 的 VOC 释放的影响

1. 醛类释放

　　前期研究发现，采样起始时间影响快速测试板材有机物的释放量。本测试设定 5 个采样起始时间，考察采样起始时间对欧洲赤松中密度纤维板有机物释放的影响。图 3-14 为在采样起始时间分别为 0min、15min、30min、60min 和 120min 时，测定的欧洲赤松中密度纤维板在第 1 天、3 天、7 天、14 天、21 天和 28 天醛类释放的测定结果。

　　从图 3-14 可以看出，随着采样时间的延长，欧洲赤松板材醛类的释放量逐渐降低。在前 14 天释放增长期，醛类释放量受采样起始时间的影响不是十分显著，之后半个月的释放期醛类释放量受采样起始时间的影响较为明显。在第 14 天，随着采样起始时间的推迟，欧洲赤松板材醛类的释放量依次为 29μg/m³、28μg/m³、22μg/m³、20μg/m³ 和 17μg/m³。在第 28 天，随着初始采样时间的增加，检测到醛类的释放量依次为 59μg/m³（0min）、47μg/m³（15min）、43μg/m³（30min）、37μg/m³（60min）和 30μg/m³（120min）。在第 14 天、21 天和 28 天，板材放入微池舱中 120min 后醛类释放量比 0min 检测的醛类释放量分别减少了 12μg/m³、17μg/m³ 和 29μg/m³，下降率分别为 41.38%、37.78% 和 49.15%。

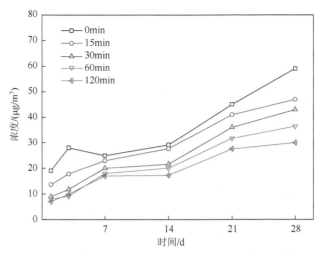

图 3-14   不同采样起始时间对欧洲赤松 MDF 醛类释放的影响

通过表 3-11 和图 3-15 采样起始时间对欧洲赤松中密度纤维板醛类释放量的拟合图及方差分析可知，二者具有很好的相关性，但在前 3 天测试期间，采样初始时间对醛类释放量的影响并不显著。7 天以后，初始采样时间对欧洲赤松纤维板醛类的释放量影响较为显著。

表 3-11   不同采样起始时间与欧洲赤松 MDF 醛类释放量的回归分析

测试时间/d	回归方程（$y=ax^2+bx+c$）	相关系数（R）	标准差（S）	F 值	P 值
1	$y=6.237x^2+15.59x+10.760$	0.990	0.086	49.88	—
3	$y=5.405x^2-15.00x+11.421$	0.985	0.093	33.33	—
7	$y=20.31x^2-59.53x+44.553$	0.997	0.046	116.61	*
14	$y=6.867x^2-23.16x+20.231$	0.990	0.086	103.68	*
21	$y=8.079x^2-29.87x+28.380$	0.995	0.061	100.55	*
28	$y=4.409x^2-17.80x+18.782$	0.996	0.056	98.04	*

*表示在 0.05 水平上显著。

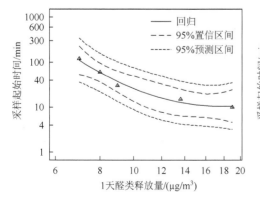

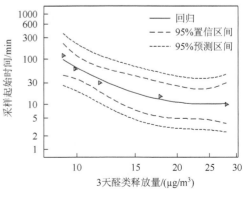

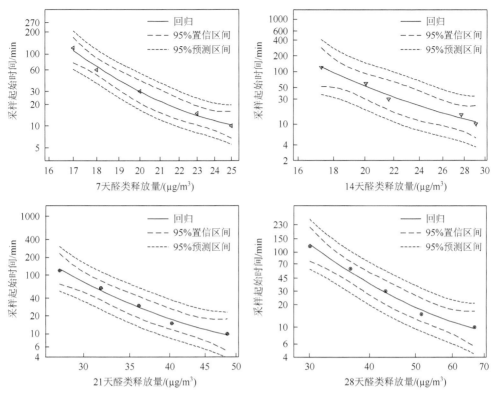

图 3-15　不同采样起始时间与欧洲赤松 MDF 醛类拟合图

　　载气流速影响微池环境释放舱内空气单位时间的换气量，随着载气流速的增大，环境释放舱内空气的换气量增加。微池环境释放舱的体积是 0.047dm³，载气流量在 50mL/min、100mL/min、150mL/min、200mL/min 和 250mL/min 时，微池环境释放舱的空气交换率依次为 63.8 次/h、127.6 次/h、191.5 次/h、255.3 次/h 和 319.1 次/h。载气流量在 250mL/min 的换气量是载气流速为 50mL/min 换气量的 5 倍多。载气流量较大时（250mL/min），舱内 VOC 被载气携带到舱外的速率较快，采样管所吸附的 VOC 浓度被稀释，相同采样时间所吸附的 VOC 总量小，因此载气流量越大，所测得的 VOC 浓度越低。本测试结果表明：载气流速设置为 50mL/min 或 100mL/min 比较适合于欧洲赤松板材醛类的快速测试。

　　2. TVOC 释放

　　采样初始时间对欧洲赤松板材 TVOC 释放的影响如图 3-16 所示。由图可以明显看出，随着采样初始时间的延迟，欧洲赤松板材 TVOC 释放量逐渐降低。除 0min 采样时间检测到的欧洲赤松板材外，其余欧洲赤松板材在前 7 天属于 TVOC 释放快速下降阶段，14d 以后板材 TVOC 释放趋于缓和。

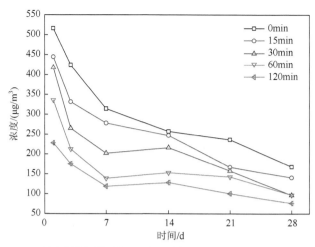

图 3-16　不同采样起始时间对欧洲赤松 MDF 的 TVOC 释放的影响

　　受采样起始时间的影响，前 7 天为 TVOC 释放快速下降期。试件放入微池环境舱后立即采样（0min），检测的板材 TVOC 浓度从 516μg/m³ 下降至 314μg/m³，下降了 202μg/m³，降低率为 39.15%。采样时间推迟 15min 后，TVOC 浓度从 445μg/m³ 下降至 278μg/m³，下降了 167μg/m³，降低率为 37.53%。采样时间延迟 30min 后，TVOC 浓度从 418μg/m³ 下降至 202μg/m³，下降了 216μg/m³，降低率为 51.67%。采样时间延迟 60min 后，TVOC 浓度从 336μg/m³ 下降至 139μg/m³，下降了 197μg/m³，降低率为 58.63%。采样时间延迟 120min 后，TVOC 浓度从 228μg/m³ 下降至 119μg/m³，下降了 109μg/m³，降低率为 47.81%。采样时间推迟 120min 后比 0min 采样测得的 TVOC 分别少了 288μg/m³（1d）、249μg/m³（3d）、195μg/m³（7d）、129μg/m³（14d）、135μg/m³（21d）和 92μg/m³（28d）。

　　从表 3-12 和图 3-17 采样起始时间与欧洲赤松中密度纤维板 TVOC 释放量的回归分析及拟合图可以看出，相关系数大于 0.987，二者具有很好的相关性。同时考察 P 值可以发现，采样起始时间对欧洲赤松中密度纤维板 TVOC 释放量的影响显著。

表 3-12　不同采样起始时间与欧洲赤松 MDF 的 TVOC 释放量的回归分析

测试时间/d	回归方程（$y=ax^2+bx+c$）	相关系数（R）	标准差（S）	F 值	P 值
1	$y=-6.580x^2+30.20x-32.554$	0.987	0.097	39.92	—
3	$y=3.426x^2-19.50x+28.602$	0.999	0.029	124.33	*
7	$y=3.853x^2-20.03x+27.043$	0.999	0.025	349.38	*
14	$y=2.986x^2-16.38x+23.343$	0.998	0.034	117.27	*
21	$y=-1.314x^2+2.70x+1.961$	0.988	0.095	110.58	*
28	$y=8.152x^2-36.50x+41.894$	0.991	0.082	96.20	*

*表示在 0.05 水平上显著。

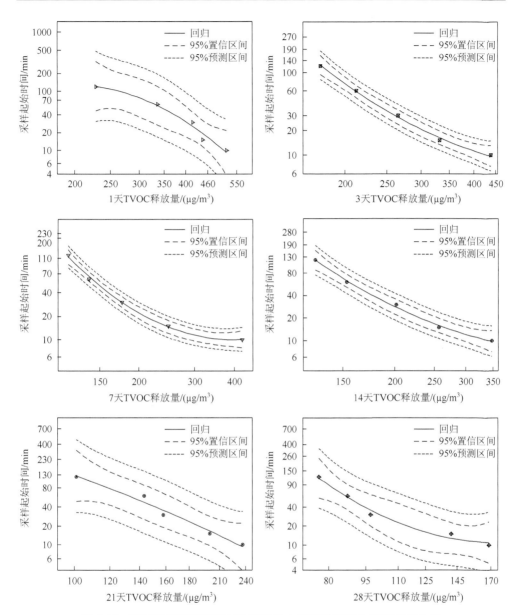

图 3-17　不同采样起始时间与欧洲赤松中密度纤维板中 TVOC 拟合图

板材放入微池环境释放舱后就立即采样，即 0min 采样，样品受到外界环境的影响大于延迟采样所受到的影响。由于微池环境释放舱的体积较小（0.047dm³），随着采样起始时间的增长，微池舱背景浓度被稀释的程度增大，但同时板材在微池舱中载气的循环下不断向舱内释放有机化合物，又使得舱内 TVOC 浓度增大。比较不同采样起始时间检测的欧洲赤松板材 VOC 组分可以发现，0min 检测的试件释放的 VOC 成分与推迟采样起始时间的试件完全一致。样品中检测到的醛类和酸类物质并没有在实验室空气背景中出现,表明外界环境对 0min 测试结果影响较小。采样时间的延迟使得板材中有机挥发物更充分地释放在微池舱环境中,但同时过长地延长采样起始时间又会使得释放舱中的有机物被载气循环到舱外环境中,降低了舱内空气的浓度。因此,综合考虑本小节中欧洲赤松中密度纤维板醛类及 VOC 的释放结果,同时为了节约时间达到快速测试 VOC 的效果,采样起始时间设定在 15min 较为合适。

3.2.5　快速测试法参数的确定

采用环境释放舱法和快速测试法两种方法测试欧洲赤松中密度纤维板醛类和 VOC 的释放,结果表明:环境释放舱参数设置相同的条件下,不同容积的环境释放舱测试的板材 VOC 释放量具有很高的相关性,同时表明采用环境舱测试法测定的结果更具有可比性。快速测试法受到微池环境释放舱温度、载气流量及采样起始时间的影响,本实验研究结果表明,欧洲赤松中密度纤维板的醛类和 VOC 的释放量随微池环境释放舱温度的升高而增加。在试验设计的范围内设定的采样起始时间和载气流量,均可以反映出板材 VOC 的释放规律,也可以通过比较发现板材 VOC 释放组分及数量的区别。

为了能快速掌握欧洲赤松中密度纤维板醛类及 VOC 的释放特性,根据上述快速采样释放舱参数的测试结果,适合欧洲赤松醛类释放的快速测试法中微池舱的温度设定为接近室温的 23℃,载气流速设为 100mL/min,采样起始时间设置为 15min。

3.3　快速测试法与环境释放舱法的应用前景

利用快速测试法与环境释放舱法的相关性,能为人造板 VOC 的释放情况做出迅速、科学和及时的结果回馈,保证产品的绿色环保品质。这不仅能为产品生产厂商的实时在线质量监测提供科学的实施途径,也可大大提高质检部门的工作效率。

3.4　本 章 小 结

(1)欧洲赤松中密度纤维板中醛类释放随着暴露时间的延长呈现逐步增长趋势,而 VOC 的总体释放趋势是随着测试时间的延长呈现逐步下降趋势。

(2)欧洲赤松中密度纤维板 VOC 的主要组成成分为四大类:醛类、酸类、萜烯类和其他类化合物。其中,醛类和酸类为欧洲赤松中密度纤维板的主要组成成分。醛类的主要的来源为不饱和脂肪酸的氧化降解,不饱和脂肪酸自氧化反应的中间产物(不稳定氢过氧化物)裂解而生成的短链醛类、酸类等挥发性化合物;多糖类物质的热解也是酸类化合物的重要来源;而萜烯类化合物在纤维制作过程中消耗很大,故其在纤维板释放的 VOC 中的比例较其他类板材要少。

(3) 在相同单位面积换气量的条件下,15L 和 23L 环境释放舱检测板材 VOC 释放速率衰减趋势相同,检测数据相关性好。

(4) 快速测试法使用的微池环境释放舱的采样起始时间、释放舱的温度、载气流速对欧洲赤松板材醛类和 VOC 释放量均影响显著。醛类和 VOC 释放量随释放舱温度的增加而增加,随载气流速及采样起始时间的增加而减少。

(5) 适合欧洲赤松 MDF 快速采样条件为:采样起始时间 15min,释放舱温度 23℃,载气流速 100mL/min。

参 考 文 献

胡晓峰,黄占华. 2012. 羧甲基纤维素/蜜胺树脂相变纳米储能材料的制备与表征[J]. 森林工程, 28(4): 61-64

梁梦璐,肖博元,沈熙为,等. 2013. 不同容积环境舱检测人造板 TVOC 释放的对比[J]. 森林工程, 6: 66-68

王静,蒋峻峰,董春雷. 2013. 意杨酚醛树脂单板层积材吸水特性与静曲弹性模量的关系[J]. 森林工程, 29(4): 137-140

Baumann M, Battermann A, Zhang G Z. 1999. Terpene emissions from particleboard and medium-density fibreboard products[J]. Forest Products Journal, 49(1): 49-56

Evans R G, Shaw C Y. 1988. A Multiposition Tracer Gas Sampling System for Air Movement Studies[M]. Technical Note Aive: 73-79

Granström K M. 2010. Emissions of hexanal and terpenes during storage of solid wood fuels[J]. Forest Products Journal, 60(1): 27-32

Jann O, Wilke O, Brödner D. 1999. Entwicklung eines standardisierbaren Prüfverfahrens zur Bestimmung des Eintrages von Holzschutzmittel-Wirkstoffen aus behandeltem Holz, Altholz und daraus hergestellten Holzwerkstoffen in die Luft[M]. Dessau-Roßlau: Umweltbundesamt: 74

Liles W T, Koontz M D, Hoag M L. 1996. Comparison of two small chamber test methods used to measure formaldehyde and VOC emission rates from particleboard and medium density fiberboard[A]//Tichenor B A. Characterizing Sources of Indoor Air Pollution and Related Sink Effects[M]. Washington, D. C.: American Society for Testing and Materials: 200-210

Makowski M, Ohlmeyer M, Meier D. 2005. Long-term development of VOC emissions from OSB after hot-pressing[J]. Holzforschung, 59: 519-523

Makowski M, Ohlmeyer M. 2006. Comparison of a small and a large environmental test chamber for measuring VOC emissions from OSB made of Scots pine (Pinus sylvestris L.)[J]. Holz Roh Werkst, 64: 469-472

Makowski M, Ohlmeyer M. 2006. Influences of hot pressing temperature and surface structure on VOC emissions from OSB made Scots pine[J]. Holzforschung, 60: 533-538

Pickrell J A, Griffls L C, Mokler B B, et al. 1984. Formaldehyde release from selected consumer products: Influence of chamber loading, multiple products, relative humidity and temperature[J]. Environmental Science Technology,

18：682-688

Stratev D，Gradinger C，Ters T，et al. 2011. Fungal pretreatment of pine wood to reduce the emission of volatile organic compounds[J]. Holzforschung，65：461-465

Uhde E，Salthammer T. 2003-10-28. VOC-Emissionen von Holzprodukten：Stand der Technik und Minderungsstrategien[N]. Tag der Holzforschung am WKI Braunschweig

Wolkoff P. 1998. Impact of air velocity，temperature，humidity and air on long-term VOC emissions from building products[J]. Atmospheric Environment，32（14-15）：2659-2668

第4章　MDF醛类释放控制技术研究

降低欧洲赤松中密度纤维板醛类有害物质释放的方法主要有两大类，一类是利用多孔材料吸附醛类有害物质，属于物理处理方法；另一类是添加化学试剂，通过化学反应来降低醛类有害物质，属于化学处理方法。

与前人研究不同，在物理处理方法中，本章直接将多孔吸附材料放置于原料中，并研究其吸附机理和吸附效果；在化学处理方法中，本章对多种抗氧化剂对醛类有害物质的控制机理、控制效果及多种抗氧化剂的协同作用机理和效果进行了研究。

4.1　多孔吸附材料处理

4.1.1　工艺设计与性能测试

1. 材料的准备

本研究所用商业用欧洲赤松纤维购于挪威，脲醛树脂胶黏剂批号 UF337，购于德国巴斯夫化工公司（BASF-The Chemical Company）。

沸石分子筛：A 型晶体结构的钠型，能吸附临界直径 4A 的分子，化学式为 $Na_2O \cdot Al_2O_3 \cdot 2SiO_2 \cdot xH_2O$，直径 $1.7 \sim 2.5mm$，球状，密度 $660kg/m^3$，纯度 96%，购自西格玛奥德里奇（美国）贸易有限公司（Sigma-Aldrich Company, America）。

氧化铝：化学式为 Al_2O_3，白色无定型粉状，γ-Al_2O_3 为立方紧密堆积晶体，密度 $3965kg/m^3$，纯度 99.9%，购自西格玛奥德里奇（美国）贸易有限公司。

硅烷偶联剂：3-氨丙基三甲氧基硅烷（3AC6），3-氨基丙基三乙氧基硅烷（3AC9）及 3-氯丙基三甲氧基硅烷（3CC6）均由西格玛奥德里奇（美国）贸易有限公司生产，基本性能见表 4-1。

表 4-1　硅烷偶联剂主要物理化学性质

化学名称	3-氨丙基三甲氧基硅烷	3-氨基丙基三乙氧基硅烷	3-氯丙基三甲氧基硅烷
分子式	$C_6H_{17}NO_3Si$	$C_9H_{23}NO_3Si$	$C_6H_{15}ClO_3Si$
结构式			
相对分子质量	179.29	221.37	198.72

化学名称	3-氨丙基三甲氧基硅烷	3-氨基丙基三乙氧基硅烷	3-氯丙基三甲氧基硅烷
密度/（g/cm³）	1.01	0.942	1.025
纯度/%	>97	>97	>97
沸点/℃	210	217	195.5
闪点/℃	82	96	78

2. 试件的制备

欧洲赤松中密度纤维板在德国联邦农业、林业和渔业研究所木材系实验室制备。将纤维在温度 80℃条件下干燥至含水率 2%～3%，密封备用。将一定配比的添加剂加入 UF 胶黏剂中并搅拌均匀，使用小型滚筒式喷涂机搅拌施胶，施胶量为 12%。采用手动铺装纤维并制作板坯。板坯热压条件：热压温度为 200℃，热压时间为 10s/mm，压力为 2.5MPa。制得中密度纤维板的厚度为 5mm，直径为 11cm，密度为 700kg/m³。

3. 工艺设计

采用上述压板方法制得以下 6 组试件，每组试件制备 6 个：

（1）制备不添加任何添加剂的空白 MDF，即对照组试件。

（2）使用机械振动筛粉机制备 120 目沸石分子筛粉末备用，制备沸石分子筛为施胶量 5%的 MDF。

（3）制备氧化铝添加量为施胶量 5%的 MDF。

（4）分别制备硅烷偶联剂添加量均为施胶量 5%的三种 MDF。

（5）添加改性沸石分子筛试件的制备：100g 沸石分子筛粉末（120 目）与 10g 硅烷偶联剂放入烧杯中，加入足量乙醇（浓度 99%的溶液），机械搅拌均匀，静置 1h 后过滤，烘箱干燥至含水率为 98%后密封备用。分别制备改性沸石分子筛添加量为施胶量 5%的三种 MDF。

（6）添加改性氧化铝试件的制备：100g 氧化铝粉末与 10g 硅烷偶联剂放入烧杯中，加入足量乙醇，机械搅拌均匀，静置 1h 后过滤，烘箱干燥至含水率为 98%后密封备用。分别制备改性氧化铝添加量为施胶量 5%的三种 MDF。

待板材冷却至室温后，裁取试件尺寸为直径 46mm 的板材，锡箔纸包裹后真空密封，置于 –20℃冰柜中以备检测。

4. 快速测试法检测 MDF 醛类的释放

根据 3.2.5 节快速测试法测试结果，设定微池环境释放舱温度为 23℃，载体流速为 100mL/min，采样起始时间分别为 0min 和 15min。通过快速测试法采集样

品,利用 GC/MS 对样品 VOC 进行定性定量分析,考察多孔吸附材料对欧洲赤松
中密度纤维板醛类有害物质释放的影响。

4.1.2　沸石分子筛及氧化铝对 MDF 醛类释放的控制

分别测定添加了沸石分子筛及氧化铝的欧洲赤松 MDF 在第 1 天、7 天、14
天、21 天和 28 天释放的醛类化合物,观察 MDF 醛类化合物释放量随测试时间的
延长的变化趋势,分析采样起始时间为 0min 及 15min 时测试的数据,得出初始
醛类化合物释放总量在测试时间内的变化趋势,如图 4-1 和图 4-2 所示。

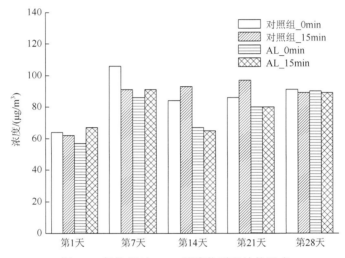

图 4-1　氧化铝对 MDF 醛类物质释放的影响

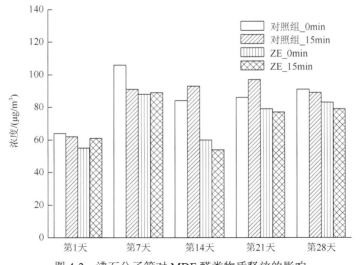

图 4-2　沸石分子筛对 MDF 醛类物质释放的影响

由图可知，MDF 的醛类化合物释放量基本符合随着测试时间的延长呈现先上升到最大值（第 7 天浓度值）后缓慢降低，而后再上升的趋势（14~28d），无论采样开始时间为 0min 还是 15min，沸石分子筛和氧化铝的添加都对 MDF 的醛类释放起到一定的控制作用，沸石分子筛对板材醛类释放的控制效率略优于氧化铝；两种添加剂对醛类释放的控制效率在第 7 天和 14 天最好，随着测试时间的延长，控制效率减弱。

考察多孔吸附材料氧化铝和沸石分子筛对欧洲赤松板材 VOC 释放总量的影响，分别检测板材在第 1 天、3 天、7 天、10 天、14 天、21 天和 28 天的释放，测试结果见表 4-2。由表可知，第 28 天参照组 VOC 的释放量为 291μg/m^3（0min）和 330μg/m^3（15min），两种吸附材料处理的板材中酸类的释放量分别为 208μg/m^3（AL_0min）、188μg/m^3（AL_15min）、255μg/m^3（ZE_0min）和 259μg/m^3（ZE_15min），多孔吸附材料处理的欧洲赤松中密度纤维板 VOC 的释放总量相对于参照组明显减少。沸石分子筛降低欧洲赤松纤维板中 VOC 的释放效果劣于氧化铝。

表 4-2　两种多孔吸附材料对欧洲中密度纤维板 VOC 释放总量的影响（μg/m^3）

测试时间/d	参照组_0min	AL_0min	ZE_0min	参照组_15min	AL_15min	ZE_15min
1	847	843	850	845	797	714
3	804	781	696	762	764	689
7	653	585	480	628	514	570
10	513	535	550	465	491	427
14	420	352	318	397	346	420
21	350	291	378	391	358	264
28	291	208	255	330	188	259

经测试发现：在 VOC 各组分中，多孔吸附材料对酸类释放量的影响最大（表 4-3）。第 1 天参照组酸类的释放量为 426μg/m^3（0min）和 421μg/m^3（15min），两种吸附材料处理的板材中酸类的释放量分别为 371μg/m^3（AL_0min）、336μg/m^3（AL_15min）、387μg/m^3（ZE_0min）和 268μg/m^3（ZE_15min），酸类降低率范围为 9.15%~36.34%。酸类的释放在整个测试阶段随着时间的延长而逐步下降，沸石对酸类的影响一直大于氧化铝对其的影响，但第 28 天的测试结果略有不同。此时，酸类释放量降低为 94μg/m^3（AL_0min）、61μg/m^3（AL_15min）、87μg/m^3（ZE_0min）和 107μg/m^3（ZE_15min），相对于参照组酸类释放降低率保持在 48.35%~71.50%。除酸类外，吸附材料同时对萜烯类化合物也有一定的影响，第 1 天萜烯释放量参照组为 354μg/m^3（0min）和 348μg/m^3（15min），两种吸附材料处理的板材萜烯的释放量略有增加，其浓度分别为 358μg/m^3（AL_0min）、364μg/m^3（AL_15min）、362μg/m^3（ZE_0min）和 366μg/m^3（ZE_15min）（表 4-4）。考察吸附材料对整个测试期间萜烯释放量的影响发现，吸附材料对板材萜烯类释放的影响不具有明显的规律性。

表 4-3　两种多孔吸附材料对欧洲中密度纤维板酸类释放的影响（$\mu g/m^3$）

测试时间/d	参照组_0min	AL_0min	ZE_0min	参照组_15min	AL_15min	ZE_15min
1	426	371	387	421	336	268
3	467	334	287	429	320	316
7	346	251	192	356	176	197
14	269	123	120	233	147	187
21	227	117	113	255	132	75
28	182	94	87	214	61	107

表 4-4　两种多孔吸附材料对欧洲中密度纤维板萜烯类释放的影响（$\mu g/m^3$）

测试时间/d	参照组_0min	AL_0min	ZE_0min	参照组_15min	AL_15min	ZE_15min
1	354	358	362	348	364	366
3	247	341	324	247	352	304
7	190	257	265	171	234	279
14	65	148	129	69	125	172
21	36	87	178	37	136	109
28	17	14	78	17	43	69

沸石分子筛和氧化铝的晶体结构规整，孔的分布均匀，有很高的比表面积和吸附容量。沸石是由阳离子和带负电荷的硅铝氧骨架所构成的一种极性物质，可以通过静电诱导使分子极化；醛类物质含有羰基极性基团，易被沸石吸附。比较对照组与添加沸石分子筛的欧洲赤松 MDF 的醛类释放量，不难发现沸石分子筛具有一定的降低醛类释放的作用。加入沸石分子筛的 MDF 其醛类释放趋势与不添加添加剂的对照组醛类释放规律相似。MDF 醛类释放量随着陈放时间的延长呈增长的趋势。与对照组相比，发现其醛类释放量减少，但是对醛类释放的控制效果不明显。导致效果不佳的原因可能是沸石分子筛比表面积大，表面活性强，且粒子表面有极性键，有一定亲水性，使其与纤维混合时，不易分散，粒子间容易团聚，结合力不强。而氧化铝吸附有机物的能力和种类与其孔容尺寸、比表面积以及孔径的大小有关，同时还与杂质中是否含钠、硅和铁以及含量的高低有关。因此，本章未深入阐释吸附材料对欧洲赤松中密度纤维板释放复杂挥发性有机物的作用机理，仅从 VOC 组分释放量上发现吸附材料对醛类、酸类及萜烯的宏观影响。本测试结果表明，氧化铝及沸石分子筛对 MDF 中的醛类物质的吸附效果欠佳。

4.1.3　硅烷偶联剂对 MDF 醛类释放的控制

为了明确硅烷偶联剂改性的吸附材料对欧洲赤松中密度板醛类释放的影响，首先需要了解硅烷偶联剂单独作用对欧洲赤松板材 VOC 释放的影响。偶联剂常被用来辅助添加剂，如偶联剂处理后的纳米二氧化硅可降低板材中甲醛等有机物的释放量。

　　分别测定添加了三种硅烷偶联剂的欧洲赤松 MDF 在 28d 内释放的醛类物质，观察 MDF 醛类物质释放随测试时间延长的变化趋势，采样起始时间为 0min 时测得欧洲赤松板材挥发的醛类、VOC 物质释放量在测试时间内的变化趋势，如图 4-3 和图 4-4 所示。

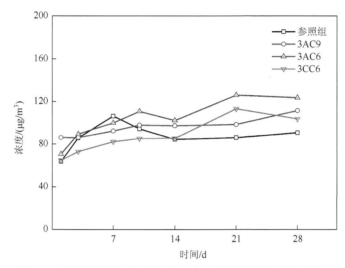

图 4-3　硅烷偶联剂对欧洲赤松中密度纤维板醛类释放的影响

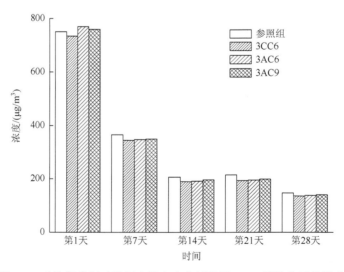

图 4-4　硅烷偶联剂对欧洲赤松中密度纤维板 VOC 释放总量的影响

　　由图 4-3 可知，添加三种不同硅烷偶联剂板材的醛类物质释放量与对照组醛类释放量在前 14 天内相差不大，从第 7 天测试结果看，添加了三种硅烷偶联剂的板材释放的醛类浓度为 82μg/m³（3CC6）、100μg/m³（3AC6）和 92μg/m³（3AC9），相对于参照组醛类浓度 106μg/m³ 均有下降，而在 14 天以后添加偶联剂的板材的醛类释放量高于对照组。因此，从总体来说，作为改性剂的三种硅烷偶联剂对欧洲赤松 MDF 醛类物质释放不具有降低作用。

由图 4-4 可以看出，除去不稳定释放的前三天外，三种硅烷偶联剂处理的 MDF 的 VOC 释放总量与参照板的 VOC 释放总量相比均有一定程度的下降。其中，硅烷偶联剂 3CC6 控制效果最佳，TVOC 降低率为 5.9%（7d）、8.8%（14d）、10.0%（21d）和 8.6%（28d）；偶联剂 3AC6 次之，TVOC 降低率为 5.0%（7d）、8.1%（14d）、9.2%（21d）和 6.7%（28d）；偶联剂 3AC9 控制效果最差，TVOC 降低率为 4.5%（7d）、6.7%（14d）、7.6%（21d）和 5.4%（28d）。

结果表明：三种硅烷偶联剂对欧洲赤松中密度纤维板醛类的释放具有不利影响，但对于板材的 VOC 释放总量具有一定降低作用。测试中使用的偶联剂均为水性偶联剂，具有氨基-有机官能团硅烷（OS），该试剂中具有直接与硅连接的 X 硅功能团（主要是烷氧基）。X 基团可以跟无机化合物或具有硅功能团的浓缩物反应生成聚硅氧烷网。OS 基团在反应中充当键合剂、表面活性剂和偶联剂的作用。

4.1.4　硅烷偶联剂改性氧化铝对 MDF 醛类释放的控制

结合偶联剂对欧洲赤松中密度纤维板醛类释放的测试结果，本小节测试选用 3AC6 和 3CC6 硅烷偶联剂改性氧化铝，考察改性氧化铝对板材醛类释放的影响，如图 4-5 所示。

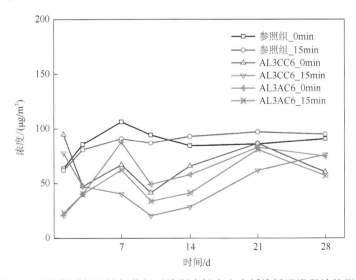

图 4-5　硅烷偶联剂改性氧化铝对欧洲赤松中密度纤维板醛类释放的影响

由图 4-5 可以看出，改性氧化铝板材醛类释放在第 1 天具有差异，第 3 天以后改性氧化铝对欧洲赤松板材醛类的释放控制效果更为明显。第 3 天，偶联剂改性氧化铝处理的欧洲赤松板材的醛类浓度的下降率为 44.76%（AL3CC6_0min）、44.74%（AL3CC6_15min）、52.93%（AL3AC6_0min）和 52.91%（AL3AC6_15min）。第 7 天，AL3CC6 处理的欧洲赤松板材的醛类浓度的下降率为 44.74%，AL3AC6 的降低率为 52.93%。第 14 天，AL3CC6 处理的欧洲赤松板材的醛类浓度的下降率为 21.90%（0min）和 66.33%（15min），AL3AC6 的降低率为 31.43%（0min）和 51.28%（15min）。第 21 天和 28 天，偶联剂改性氧化铝的作用有所下降，但第 28 天的下降率依然保持在 33.70%（AL3CC6_0min）、15.73%（AL3CC6_15min）、17.35%（AL3AC6_0min）和 37.23%（AL3AC6_15min）。

图 4-6 为添加硅烷偶联剂改性氧化铝的 MDF 和未添加任何处理剂的 MDF（对照组）在测试时间内所释放的 TVOC 的浓度变化趋势图。从图中可以看出，硅烷偶联剂 3AC6 改性氧化铝控制的 TVOC 的释放量基本低于偶联剂 3CC6 改性氧化铝及参照组的释放，即偶联剂 3AC6 改性氧化铝对欧洲赤松板材释放的 TVOC 控制效果更佳。

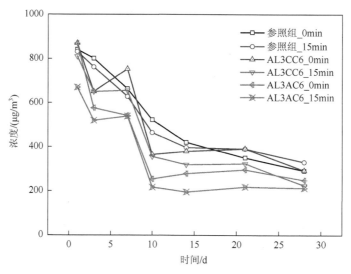

图 4-6　硅烷偶联剂改性氧化铝对欧洲中密度纤维板 TVOC 释放的影响

测试数据显示：第 3 天偶联剂 3CC6 控制欧洲赤松板材酸类浓度的下降率为 51.76%，偶联剂 3AC6 的降低率为 66.14%（AL3AC6_0min）和 44.49%（AL3AC6_15min）。此时萜烯释放量有一定的增长，相对于参照组 247μg/m³（0min）和 248μg/m³（15min），氧化铝改性后板材萜烯类浓度为 353μg/m³（AL3CC6_0min），357μg/m³（AL3CC6_15min），370μg/m³（AL3AC6_0min）和 217μg/m³（AL3AC6_

15min），除 15min 检测的 AL3AC6 外，萜烯的增长率依次为 42.98%、43.32%和 49.80%。第 7 天，检测的偶联剂控制欧洲赤松板材酸类浓度的下降率为 15.64%（AL3CC6_0min），32.48%（AL3CC6_15min），55.58%（AL3AC6_0min）和 32.58%（AL3AC6_15min），相应的萜烯类的增长率依次为 78.89%、78.48%、50.11%和 23.45%。第 14 天，偶联剂 3CC6 改性氧化铝控制欧洲赤松板材酸类浓度的下降率保持在 40%和 38.59%之间，偶联剂 3AC6 改性氧化铝控制板材酸类的下降率保持在 62.10%～60.62%，而此时参照组萜烯浓度为 65μg/m^3（0min）和 69μg/m^3（15min），氧化铝改性后板材萜烯类浓度为 131μg/m^3（AL3CC6_0min），149μg/m^3（AL3CC6_15min），112μg/m^3（AL3AC6_0min）和 43μg/m^3（AL3AC6_15min）。14 天后处理过的欧洲赤松板材酸类与参照组相比继续保持下降趋势，而萜烯类物质依然持续增长趋势。在第 28 天测得的参照组萜烯浓度为 17μg/m^3（0min）和 19μg/m^3（15min），而处理过的板材萜烯释放量为 111μg/m^3（AL3CC6_0min），94μg/m^3（AL3CC6_15min），57μg/m^3（AL3AC6_0min）和 57μg/m^3（AL3AC6_15min）。经对 VOC 各组分分析发现，酸类的释放受到改性氧化铝的影响最大，而萜烯类化合物释放量反而有一定的增长。

上述硅烷偶联剂改性后的氧化铝在板材热压时以化学形式与板坯纤维相结合，增加了氧化铝的分散度。同时由于氧化铝具有一定的比表面积和孔容、孔径，改性氧化铝比氧化铝单独作用时对醛类控制效果更为明显。

4.1.5　硅烷偶联剂改性沸石分子筛对 MDF 醛类释放的控制

对分别添加硅烷偶联剂 3CC6 和 3AC6 改性沸石分子筛的 MDF 进行测试，分别测定 MDF 在第 1 天、3 天、7 天、10 天、14 天、21 天和 28 天释放的醛类化合物浓度，得出 MDF 醛类物质释放量随测试时间的变化趋势，如图 4-7 所示。

改性沸石分子筛测试结果表明（图 4-7）：添加硅烷偶联剂改性沸石分子筛的 MDF 的醛类物质释放量较对照组下降。对照组第 1 天醛类的释放浓度为 64μg/m^3（0min）和 62μg/m^3（15min），添加改性沸石分子筛后醛类释放量分别为 27μg/m^3（ZE3CC6_0min）、22μg/m^3（ZE3CC6_15min）、32μg/m^3（ZE3AC6_0min）和 29μg/m^3（ZE3AC6_15min），降低率依次为 57.81%、64.52%、50.00%和 53.23%。第 3 天，改性沸石分子筛的降低率分别为 53.49%（ZE3CC6_0min），74.07%（ZE3CC6_15min），67.44%（ZE3AC6_0min）和 69.14%（ZE3AC6_15min）。第 7 天，3CC6 改性沸石分子筛效果优于 3AC6 的作用效果，3CC6 改性沸石分子筛的降低率为 9.43%和 0.00%，而后者的降低率为−6.60%和−8.79%。第 14 天控制醛类的降低率有所增加，3CC6 改性沸石分子筛的降低率为 5.95%和 32.26%，3AC6 的降低率为−5.95%和 29.03%。第 21 天醛类的控制效果最为明显，两种偶联剂改性的沸石分子筛对醛类

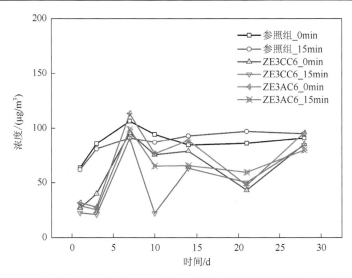

图 4-7　硅烷偶联剂改性沸石分子筛对欧洲中密度纤维板醛类释放的影响

的降低率保持在 38.14%～50.00%。第 28 天对照组醛类释放量为 91μg/m³（0min）和 95μg/m³（15min），添加硅烷偶联剂改性沸石分子筛后醛类释放量依次为 85μg/m³（ZE3CC6_0min）、84μg/m³（ZE3CC6_15min）、96μg/m³（ZE3AC6_0min）和 80μg/m³（ZE3AC6_15min），降低率依次为 6.95%、11.58%、−5.49%和 15.79%。偶联剂 3CC6 改性的沸石分子筛控制欧洲赤松中密度纤维板醛类释放效果比偶联剂 3AC6 的效果要好。

改性沸石分子筛板材释放 TVOC 浓度随陈放时间的变化如图 4-8 所示。由图可知，与参照组相比，添加不同硅烷偶联剂的 MDF 的 TVOC 释放有明显降低。第 1 天，硅烷偶联剂改性沸石分子筛板材释放的 TVOC 浓度依次为 801μg/m³（ZE3CC6_0min）、741μg/m³（ZE3CC6_15min）、827μg/m³（ZE3AC6_0min）和 820μg/m³（ZE3AC6_15min），相对于参照组浓度 841μg/m³（0min）和 762μg/m³（15min），降低率依次为 4.76%、10.94%、1.66%和 1.44%，降低效果并不明显。第 3 天，对照组 TVOC 的释放浓度为 801μg/m³（0min）和 762μg/m³（15min），添加改性沸石分子筛后 TVOC 释放量分别为 597μg/m³（ZE3CC6_0min）、496μg/m³（ZE3CC6_15min）、576μg/m³（ZE3AC6_0min）和 583μg/m³（ZE3AC6_15min），降低率依次为 25.49%、34.91%、28.09%和 23.49%。第 7 天，偶联剂 3CC6 改性的沸石分子筛对 TVOC 的降低率为 19.64%（0min）和 24.52%（15min），偶联剂 3CC6 改性的沸石分子筛对 TVOC 的降低率为 21.90%（0min）和 14.01%（15min）。第 14 天测得偶联剂 3CC6 改性的沸石分子筛对 TVOC 的降低率保持在 24.52%～25.19%之间，偶联剂 3AC6 改性的沸石分子筛对 TVOC 的降低率保持在 16.90%～17.88%之间。第 28 天对照组 TVOC 释放量为 291μg/m³（0min）和 330μg/m³（15min），

添加硅烷偶联剂改性沸石分子筛后 TVOC 释放量依次为 215μg/m³（ZE3CC6_0min）、278μg/m³（ZE3CC6_15min）、247μg/m³（ZE3AC6_0min）和 237μg/m³（ZE3AC6_15min），降低率依次为 26.12%、15.76%、15.12%和 28.18%。

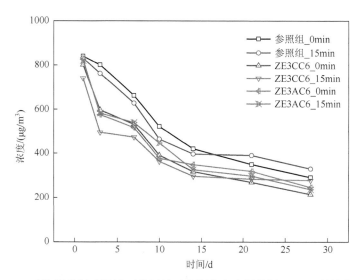

图 4-8 硅烷偶联剂改性沸石分子筛对欧洲中密度纤维板 TVOC 释放的影响

经对欧洲赤松中密度纤维板释放的 VOC 各组分释放量测试发现：酸类和萜烯类是 MDF 释放的 VOC 的重要成分，酸类释放速率快，萜烯类释放相对慢，原因是萜烯类物质沸点较高，挥发时间较长，属于欧洲赤松木材抽提物的重要成分，随着时间的增长，欧洲赤松木材抽提物中的挥发性物质（主要成分为酸类）逐渐挥发到空气中，而欧洲赤松木材抽提物中的萜烯类物质释放时间较长，所占的比例增大，导致萜烯类物质比例增大。偶联剂 3CC6 改性的沸石分子筛控制欧洲赤松中密度纤维板醛类释放效果比偶联剂 3AC6 的效果要好。

4.2 化 学 处 理

4.2.1 工艺设计与性能测试

1. 材料的准备

（1）欧洲赤松中密度纤维板制备基本原料参见 3.1.1 小节。

（2）自由基引发剂：

2,5-二甲基-2,5-二（叔丁基过氧化）己烷（2,5-bis（*tert*-butylperoxy）-2,5-dimethylhexane，DHBP），分析纯，90%；

叔丁基过氧化氢（*tert*-butyl hydroperoxide，TBHP），分析纯，70%；

二叔丁基过氧化物（di-*tert*-butyl-peroxid，DTBP），分析纯，98%。

（3）抗氧化剂：

硫代二丙酸二月桂酯（didodecyl 3, 3'-thiodipropionate，DLTP），分析纯，97.5%；

特丁基对苯二酚（*tert*-butylhydroquinone，TBHQ），分析纯，97%；

二丁基羟基甲苯（butylated hydroxytoluene，BHT），分析纯，99%；

丁基羟基茴香醚（2（3）-*tert*-Butyl-4-methoxyphenol，BHA），分析纯，98.5%；

柠檬酸（citric acid，CA），分析纯，97%；

乙二胺四乙酸（ethylenediaminetetraacetic acid，EDTA），分析纯，99%；

以上自由基引发剂和抗氧化剂均购于西格玛奥德里奇（美国）贸易有限公司（Sigma-Aldrich Company，America）。

（4）高锰酸钾，化学纯，99.3%；氧化铝，分析纯，99%。

2. 试件的制备与工艺设计

参见 3.2.1 小节热压工艺条件，分别制备含有以下添加剂的欧洲赤松中密度纤维板。

（1）制备不添加任何添加剂的空白 MDF，即空白参照组试件。

（2）制备高锰酸钾（浓度 3%）添加量为纤维质量（绝干）1%的 MDF。

（3）添加高锰酸钾和氧化铝试件的制备：100g 氧化铝粉末加入足量高锰酸钾溶液（3%），机械搅拌均匀。静置 1h 后过滤，烘箱干燥至含水率为 98%后密封备用。分别制备改性氧化铝添加量为纤维质量（绝干）1%的 MDF。

（4）分别制备三种自由基引发剂添加量为纤维质量（绝干）1.5%的 MDF。

（5）分别制备六种抗氧化剂添加量为纤维质量（绝干）1%的 MDF（快速测试用）。

（6）分别制备添加量为纤维质量（绝干）1%的 DLTP，TBHQ，BHA，BHT，EDTA 的 MDF（23L 环境舱测试用）。

3. 性能测试

欧洲赤松中密度纤维板醛类及 VOC 的快速测试法采样方法参见 3.2.5 小节，环境舱测试法采样方法参见 3.1.1 小节。

4.2.2　高锰酸钾与氧化铝对 MDF 醛类释放的控制

对分别添加高锰酸钾和高锰酸钾与氧化铝混合配比的两组 MDF 进行测试，检测欧洲赤松 MDF 在 28d 内释放的醛类物质，在采样起始时间为 0min 和 15min

时，得出测定的 MDF 醛类物质释放随测试时间的变化趋势，如图 4-9 所示。

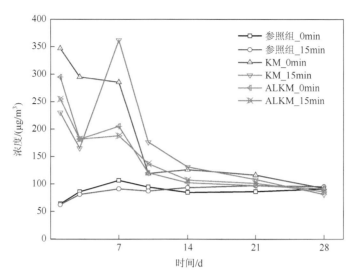

图 4-9　高锰酸钾与氧化铝对欧洲中密度纤维板醛类释放的影响

由图 4-9 可以看出，在前 21 天检测结果中，添加两组化合物的欧洲赤松 MDF 醛类物质释放量远大于参照组板材醛类释放量，而在最后一天检测中处理过的板材醛类释放量与参照组持平，其浓度分别为 92μg/m^3（KM_0min）、81μg/m^3（KM_15min）、91μg/m^3（ALKM_0min）和 86μg/m^3（ALKM_15min），此时参照组浓度为 92μg/min（0min）和 81μg/m^3（15min）。分析原因是：在热压过程中，高锰酸钾分解出的氧为含有不饱和的碳碳双键、碳碳三键的脂肪酸的自氧化提供了便利条件，使得氧化产物不稳定氢过氧化物裂解而产生大量的戊醛、壬醛、己醛、葵醛、庚醛等饱和醛，以及 2-庚烯醛、2-辛烯醛、2-癸烯醛等不饱和醛，其中戊醛和己醛是主要释放的饱和醛（＞90%），2-庚烯醛、2-辛烯醛是主要释放的不饱和醛（＞85%）。因此，处理过的板材醛类的释放随着暴露时间的延长呈现逐步下降的趋势，与未处理的板材随测试时间的延长而呈现先增加再下降的趋势不同。从图上可以看出，添加了氧化铝的板材醛类的释放反而低于高锰酸钾单独作用时板材醛类的释放量，原因是氧化铝在高锰酸钾的分解反应中起到催化剂的作用，促进了反应中氧的产生，加速了不饱和脂肪酸的氧化，同时有限的氧化铝本身的吸附作用相对较弱。第 28 天时，处理过的板材的醛类释放量与未处理的参照组板材的醛类释放量相当，说明此时板材内部被不饱和脂肪酸裂解作用产生的绝大部分醛类已经迁移到表面并散发到空气中，此时未受到高锰酸钾影响的不饱和脂肪酸自氧化裂解而产生的醛类占主导作用。

图 4-10 为添加高锰酸钾、高锰酸钾与氧化铝混合物、未添加处理剂的 MDF

在 28 天测试期内 TVOC 浓度变化趋势图。

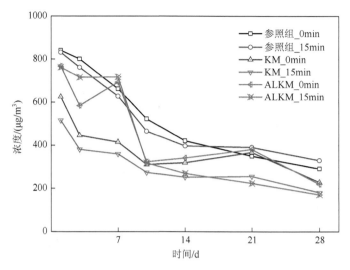

图 4-10　高锰酸钾与氧化铝对欧洲中密度纤维板 TVOC 释放的影响

　　对比处理板材与参照组板材 TVOC 浓度可以看出（图 4-10），高锰酸钾及氧化铝对欧洲赤松中密度纤维板 TVOC 的释放具有控制作用。受醛类释放的影响，高锰酸钾单独作用对 TVOC 的控制效果优于氧化铝与高锰酸钾混合作用的控制效果。

　　表 4-5 为各试件第 1 天释放的萜烯类化合物成分和浓度。由表可知第 1 天各试件的萜烯释放量，而经检测，此时酸类的浓度为 205μg/m³（KM_0min）、159μg/m³（KM_15min）、237μg/m³（ALKM_0min）和 230μg/m³（ALKM_15min），参照组浓度为 427μg/m³（0min）和 421μg/m³（15min）。对比分析发现：两种化合物对萜烯类化合物的释放的影响远大于对酸类释放的影响。分析原因是欧洲赤松板材热压时高锰酸钾与欧洲赤松抽提物中含有的醇羟基、酚羟基的萜烯、类萜烯等物质发生反应，使得萜烯类物质释放量大量减少。

表 4-5　高锰酸钾与氧化铝处理板材萜烯类物质的释放（1d）

名称	参照组/（μg/m³）		KM/（μg/m³）		ALKM/（μg/m³）	
	0min	15min	0min	15min	0min	15min
α-蒎烯	16	19	9	10	20	13
3-蒈烯	13	13	7	7	16	10
柠檬烯	2	2	ND	ND	2	1
萜品油烯	16	20	ND	ND	3	2

名称	参照组/（μg/m³）		KM/（μg/m³）		ALKM/（μg/m³）	
	0min	15min	0min	15min	0min	15min
松油醇	294	245	93	71	67	63
长叶烯	10	9	ND	ND	ND	ND
其他萜烯	3	28	4	4	2	3
Σ萜烯	354	336	113	92	110	92

注：ND 表示未检出。

4.2.3　自由基引发剂对 MDF 醛类释放的控制

图 4-11 为分别添加 2，5-二甲基-2，5-二（叔丁基过氧化）己烷（DHBP）、叔丁基过氧化氢（TBHP）、二叔丁基过氧化物（DTBP）三种自由基引发剂制作的欧洲赤松 MDF，其醛类的释放随时间变化的趋势图。

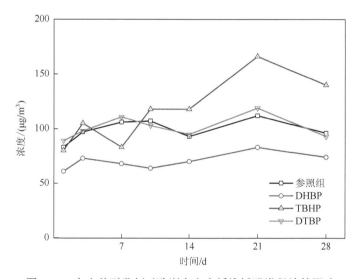

图 4-11　自由基引发剂对欧洲中密度纤维板醛类释放的影响

由图 4-11 和附表 1 可知，添加三种自由基引发剂的 MDF 和未添加处理剂的 MDF 所释放的醛类化合物浓度随测试时间延长的变化趋势大体相同，即随着暴露时间的延长呈现先增长再下降的趋势。其中，引发剂 DHBP 作用对欧洲赤松板材醛类的控制效果最明显，TBHP 效果不明显，DTBP 几乎对醛类没有控制效果。

分析原因：引发剂的半衰期参数是影响引发剂对醛类的控制作用的重要因素之一（表 4-6）。引发 TBHP 的半衰期温度 264℃（1min），高于纤维板热压温度（200℃），故不能使其在短时间内（纤维板热压时间）引起自由基引发剂与醛类物质的链引发反应，形成不挥发的大分子聚合物，因此自由基引发剂 TBHP 不能达到控制醛类释放的效果。同时，TBHP 活化能在三种引发剂中最高，超过 O—O 键断裂能 157kJ/mol，故 TBHP 能够引起部分脂肪酸中羧基的断裂而产生短链醛类，导致醛类释放量增加（图 4-11）。欧洲赤松板材热压温度略微高于 DTBP 半衰期温度 193℃（1min），理论上能够引起醛类的聚合反应，可通过该反应形成稳定的大分子聚合物降低板材中醛类物质的释放，在具有一定浓度的液状纯化学反应条件下引发剂 DTBP 能够引起醛类的聚合反应，但纤维板热压的复杂条件阻碍链引发反应的发生，故该引发剂对板材中醛类物质的释放几乎不产生影响。热压温度高于引发剂 DHBP 半衰期温度 177℃（1min），在短时间内（纤维板热压时间）引起自由基引发剂与醛类物质的链引发反应，是使得板材中醛类释放受到控制的重要原因。

表 4-6　　自由基引发剂的半衰期参数

引发剂	1min/℃	1h/℃	10h/℃	活化能（E_a）/（kJ/mol）
TBHP	264	207	164	186.00
DTBP	193	149	126	145.95
DHBP	177	138	119	155.50

图 4-12 为分别添加 DHBP、TBHP、DTBP 三种自由基引发剂制作的欧洲赤松 MDF 的 TVOC 释放量随时间变化的趋势图。

由图 4-12 可以看出，与引发剂对醛类释放的控制效果类似，自由基引发剂

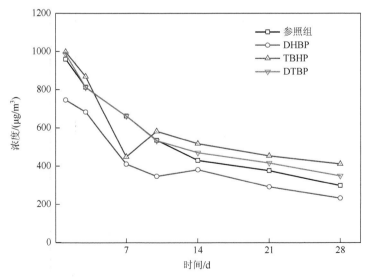

图 4-12　　自由基引发剂对欧洲中密度纤维板 TVOC 释放的影响

DHBP 对欧洲赤松板材 TVOC 的释放具有一定的控制作用，而引发剂 DTBP 和 TBHP 对板材醛类的控制效果欠佳。从附表 1 可知，DHBP 引发剂对板材释放的酸类及萜烯类的释放均有一定的控制作用。DHBP 处理的欧洲赤松板材酸类物质的释放量为 383μg/m³（3d）、240μg/m³（7d）、220μg/m³（10d）和 190μg/m³（21d），参照组酸类浓度依次为 467μg/m³（3d）、340μg/m³（7d）、307μg/m³（10d）和 227μg/m³（21d）。由此可以看出，DHBP 对板材酸类的释放具有一定控制作用，原因与醛类释放的控制原理类似，即 DHBP 与酸类物质羧基中含有的 O—O 键发生化学反应，使得酸类释放量降低。

4.2.4　抗氧化剂对 MDF 醛类释放的控制

1. 快速测试结果

图 4-13 和图 4-14 描述了添加抗氧化剂硫代二丙酸二月桂酯（DLTP）、特丁基对苯二酚（TBHQ）、二丁基羟基甲苯（BHT）、丁基羟基茴香醚（BHA）、柠檬酸（CA）和乙二胺四乙酸（EDTA）后欧洲赤松中密度纤维板醛类释放随测试时间的延长的变化趋势。由图可以看出，与参照组对比，六种抗氧化剂对醛类均有较好的控制效果。

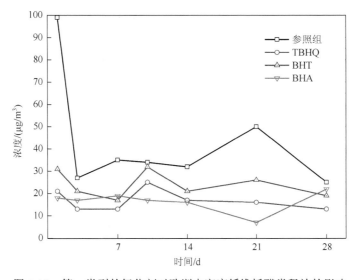

图 4-13　第一类型的氧化剂对欧洲中密度纤维板醛类释放的影响

由图 4-13 和图 4-14 可知，第 1 天抗氧化剂处理后板材醛类下降量分别为 73μg/m³（DLTP）、77μg/m³（TBHQ）、68μg/m³（BHT）、81μg/m³（BHA）和 76μg/m³（EDTA 和 CA），表现出对醛类的良好控制效果。3 天以后，TBHQ 和 DLTP 对板

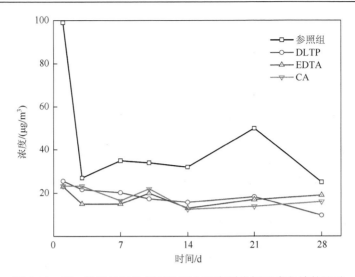

图 4-14　第二类型的氧化剂对欧洲中密度纤维板醛类释放的影响

材醛类的控制效果最好，降低率保持在 41.79%以上，其次为 BHT 和 BHA，再次是 EDTA 和 CA。

　　欧洲赤松木材的抽提物中含有大量的不饱和脂肪酸，不饱和脂肪酸的自氧化降解产生醛类物质。除不饱和脂肪酸的自氧化活动产生的氢过氧化物外，不饱和脂肪酸也可通过自发的过氧化反应产生痕量的氢过氧化物。氢过氧化物通过均裂产生氢离子，氢离子促使自氧化反应进入第一个阶段——引发期。木材中含有的变价金属（Fe、Cu、Zn 等）、木材中光氧化所形成的自由基和脂肪氧合酶、纤维干燥受热或板材制作过程的热压，这些均能成为欧洲赤松板材中不饱和脂肪酸自氧化启动的诱发因素。酯类物质和氧气在这些诱发因素的作用下反应，生成氢过氧化物和新的自由基，又能诱发自氧化反应，如此循环，最后形成了低分子产物，如醛、酮、酸和醇等挥发性有机物，并散发到外界环境中。

　　酚类抗氧化剂如 TBHQ、BHT、BHA 属于第一类型的抗氧化剂，该类抗氧化剂与 ROO˙反应生成稳定的化合物，从而阻止不饱和脂肪酸自氧化反应进入第二个阶段——传播期。第二类型的抗氧化剂包括氧气清除剂如 CA、亚硫酸盐如 DLTP、金属离子螯合剂如 EDTA 等，其作用原理是与不饱和脂肪酸过氧化反应产生的氢过氧化物反应，最终生成不具备诱导性的稳定化合物。此类型的抗氧化作用在自氧化反应的第一个阶段，延长酯类物质与氧气发生自氧化反应的引发期。

　　为了降低欧洲赤松板材中醛类物质的释放，同时不对板材其他 VOC 组分的释放造成不利影响，需同时考察抗氧化剂对板材 VOC 各组分释放的影响。添加六种不同抗氧化剂欧洲赤松中密度纤维板 TVOC 随测试时间延长释放趋势如图 4-15 和图 4-16 所示。

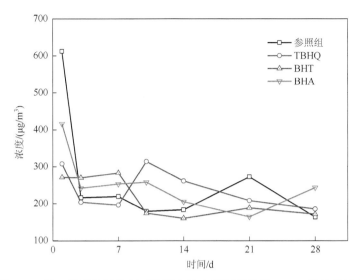

图 4-15　第一类型的氧化剂对欧洲赤松中密度纤维板 TVOC 释放的影响

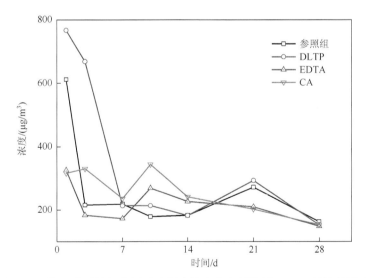

图 4-16　第二类型的氧化剂对欧洲赤松中密度纤维板 TVOC 释放的影响

分析抗氧化剂处理的欧洲赤松板材 VOC 组分发现，抗氧化剂对酸类和萜烯无明显影响。板材酸类在第 1 天的释放量依次为 $300\mu g/m^3$（DLTP）、$173\mu g/m^3$（TBHQ）、$164\mu g/m^3$（BHT）、$135\mu g/m^3$（BHA）、$185\mu g/m^3$（EDTA）和 $159\mu g/m^3$（CA），对比参照组浓度 $404\mu g/m^3$，除 DLTP 的酸类化合物释放量下降率为 25.74%外，其余抗氧化剂对酸类化合物释放的降低率大于 54.21%。3d 以后酸类的释放量随测试时间的延长逐渐下降，由此可以看出，添加了抗氧化剂的板材在热压过程中发生了化学反应，对酸类化合物的释放产生了控制作用。检测到的酸类包括乙酸和己酸，对比发现乙酸的释放量下降率最大（表 4-7）。板材中酸类的释放主要来源于欧洲赤松木材的抽提物，而木材三大素纤维素、半纤维素和木质素在板材热压过程中的热降解也是酸类产生的潜在来源，同时，不饱和脂肪酸的自氧化降解也是欧洲赤松板材酸类释放的重要原因之一。而本测试中采用的抗氧化剂对醛类的释放具有有效的控制作用，这同时表明抗氧化剂有效地抑制了不饱和脂肪酸裂解反应的发生，从而避免了小分子挥发性化合物的产生，如醛、酸、醇等有机物，使得乙酸浓度在第 1 天测试中大幅度下降。

表 4-7　抗氧化剂对乙酸的影响（$\mu g/m^3$）

时间/d	参照组	DLTP	TBHQ	BHT	BHA	EDTA	CA
1	397	296	170	161	132	181	155
3	110	296	120	168	121	106	175
7	106	94	111	198	127	89	125
10	74	110	178	80	100	152	193
14	73	71	128	86	73	106	123
21	118	136	87	134	122	84	101
28	74	65	80	104	129	56	71

2. 23L 环境释放舱测试结果

前期测试结果证明，抗氧化剂对欧洲赤松中密度纤维板醛类及其他组分 VOC 的释放具有控制作用，本测试采用同样的热压工艺制备幅面尺寸为 40cm×40cm 的板材，从中心裁得 21cm×21cm 的试件用于 23L 环境释放舱的检测，根据 ISO16000-6 采样及分析标准确定板材醛类及 VOC 的释放。

附表 2 汇总了五种抗氧化剂处理后欧洲赤松中密度纤维板在 23L 环境释放舱中释放的 VOC 组分及浓度随时间的变化情况。由表可知，添加了抗氧化剂的所有欧洲赤松板材 VOC 的释放总量均随暴露时间的延长而呈现递减趋势。不同的抗氧化剂其控制效果不同，其 VOC 的浓度总和在第 3 天的范围是 563～792$\mu g/m^3$。在第 28 天，添加抗氧化剂板材 VOC 释放总量在 102～132$\mu g/m^3$。由此可以看出，处理过的板材释放出的 VOC 组分和浓度较少。从环境舱板材释放的 VOC 检测结果来看，萜烯类化合物的释放量较大，成为整个测试期间主要的 VOC 组分。醛类的释放规律是，首先随着时间的延长呈增长趋势，接着出现下降趋势，这种趋势与许多欧洲赤松板材测试结果一致。在不饱和脂肪酸链反应终止时也将不再有醛类生成，此时出现释放浓度的最高值。观察测试结果发现，醛类释放的最大值出现在第 21 天，此时浓度为 82μg/m³。

　　五种抗氧化剂对欧洲赤松 MDF 醛类释放的影响如图 4-17 所示。与参照组相比，所有抗氧化剂处理过的板材醛类释放量都出现了明显下降趋势，说明板材在 23L 环境释放舱检测结果与板材快速检测结果相同。在第 1 天，板材释放的醛类浓度分别为 35μg/m³（BHT）、26μg/m³（DLTP 和 TBHQ）和 24μg/m³（EDTA 和 BHA）。第 3 天醛类浓度为 26μg/m³（EDTA）、22μg/m³（BHT）、24μg/m³（DLTP）和 17μg/m³（TBHQ 和 BHA）。板材最初醛类释放差异的主要原因是欧洲赤松木材自身的差异，抗氧化剂并非是主要的影响因素。第 3 天以后，TBHQ 作用效果最好，与参照组相比醛类降低率为 81.13%～95.59%。其次为 BHA，与参照组相比醛类降低率为 79.25%～94.12%。BHT 对醛类的降低程度与 BHA 类似，降低率为 75.47%～92.65%。EDTA 处理的 MDF 醛类下降率为 36.84%～70.59%。

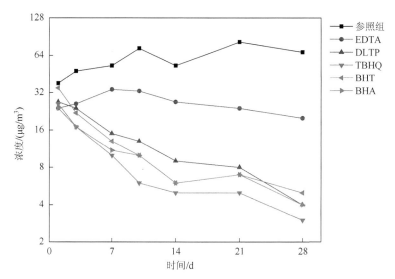

图 4-17　不同氧化剂对欧洲赤松中密度纤维板醛类释放的影响

　　不饱和脂肪酸自氧化反应是自催化反应，自氧化包括引发阶段、传播阶段、分解阶段和终止阶段，醛类等挥发性有机物的产生出现在第四个阶段——二次释放阶段。抗氧化剂 BHA，BHT 和 TBHQ 属于第一类型的抗氧化剂，同时也属于酚类抗氧化剂，它们的作用机理均是充当自由基清除剂的角色，通过与自由基反应阻止不饱和脂肪酸自氧化反应中引发阶段的反应。第一类型的抗氧化剂与过氧化自由基反应，使得过氧化自由基形成更稳定、不具有自由基的化合物。抗氧化剂可以把氢原子提供给酯类自由基形成酯类衍生物，由于衍生物化学性质更稳定，不能参与传播阶段的反应，脂肪酸自氧化反应得到抑制。共同的作用原理使得这些氧化剂对板材醛类的控制效果类似。这些抗氧化剂具有相类似的化学结构，含有单个或多个羟基的酚类苯环上具有许多取代基，而丁基或乙基位旁边的羟基增强了抗氧化剂的活性。因此，抑制欧洲赤松木材含有的不饱和脂肪酸的氧化反应而减少醛类释放的抗氧化剂中，TBHQ 的控制效果最显著。

　　DLTP 属于抗氧化剂分类中的第二类型。目前普遍认为 DLTP 的作用机理为通过与氢过氧化物反应生成不具有自由基的化合物延长氧化反应的引发期。DLTP同时也是硫类抗氧化剂，在抗氧化反应中被氧化成亚砜，亚砜比初始参与反应的DLTP 具有更强的抗氧化活性。通过亚砜与过氧化物的进一步反应，亚砜被转变为更稳定、不具有抗氧化性能的类砜。因此，抗氧化剂 DLTP 抑制了脂肪酸自氧化反应的自催化活动，属于防御型抗氧化剂，DLTP 对欧洲赤松板材不饱和脂肪酸的抗氧化效果不如其他硫类抗氧化剂效果好（图 4-18）。

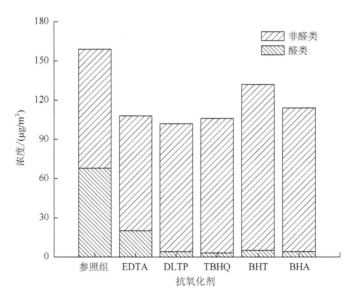

图 4-18　添加五种抗氧化剂 MDF 中醛类和非醛类物质（抗氧化剂除外）的释放（28d）

　　除自氧化反应外，不饱和脂肪酸通过过氧化反应生成痕量氢过氧化物，该化合物能导致氧化反应进入引发阶段。欧洲赤松木材含有的微量元素如 Fe、Mn、Cu，或纤维板制作时的压力和高温均是不饱和脂肪酸氧化的诱因条件。EDTA 属于抗氧化剂类型中的金属离子螯合剂，其活性受到 pH，或金属离子（如 Ca^{2+}），或水解能力的影响，这是 EDTA 通过对酯类的抗氧化作用阻止欧洲赤松板材醛类释放效果不及其他抗氧化剂的潜在因素。

　　戊醛和己醛是欧洲赤松纤维板中主要释放的醛类组分，此外还有少量的饱和醛（如庚醛、壬醛）以及不饱和醛（如 2-庚烯醛、2-辛烯醛）等。除了醛类外，还检测到大量的萜烯、有机酸和醇类。其中松油醇和乙酸的比例最大，第 28 天检测结果中两者之和占 VOC 的比例分别为 68.52%（参照组）、95.33%（EDTA）、59.41%（DLTP）、90.20%（TBHQ）、79.28%（BHT）和 89.13%（BHA）。

与参照组相比，所有抗氧化剂处理过的欧洲赤松板材中萜烯的释放量均有一定的增长。除 EDTA 外所有抗氧化剂处理的欧洲赤松板材萜类释放在整个测试期间均有一定的增长。添加 BHT 抗氧化剂的板材中检测到部分 BHT，其含量在整个测试期间几乎没有产生变化，而同样在 BHA 板材释放的挥发物中也检测到部分 BHA，其含量随着测试时间的延长而逐渐减少。在第 28 天，板材中检测的抗氧化剂含量依次为 4μg/m^3（DLTP）、19μg/m^3（TBHQ）、1198μg/m^3（BHA）和 5510μg/m^3（BHT）（附表 2）。综合考虑抗氧化剂对醛类和非醛类物质的影响发现，DLTP 和 TBHQ 对降低欧洲赤松中密度纤维板醛类的释放具有最为明显的效果。

五种抗氧化剂通过对不饱和脂肪酸的抗氧化作用，降低了欧洲赤松中密度纤维板的醛类释放，添加任何一种抗氧化剂的欧洲赤松板材其醛类物质的释放量与参照组醛类释放量相比都有一定的下降。考虑经济成本和环境因素的影响，DLTP 和 TBHQ 是用于减少欧洲赤松醛类及非醛类物质释放的最适合的抗氧化剂。

4.3　本 章 小 结

（1）物理吸附作用中偶联剂改性沸石分子筛的作用效果最好，其次为改性的氧化铝，再次为氧化铝，沸石分子筛控制效果最弱，而硅烷偶联剂对欧洲赤松板材醛类及其他 VOC 释放不具有控制作用。沸石分子筛及氧化铝孔径结构的差异是导致吸附效果不同的主要原因，研究发现沸石分子筛对欧洲赤松释放的酸类控制作用明显。偶联剂的作用使得吸附剂与纤维结合得更为充分，相对于多孔吸附单独作用，对醛类控制效果增强。

（2）化学处理方法中，高锰酸钾与氧化铝混合配比对 VOC 的控制效果优于高锰酸钾单独作用效果，但二者增加了醛类物质的释放，这是由于氧化铝在在高锰酸钾的分解反应中起到催化剂的作用，促进了反应中氧的产生，加速了不饱和脂肪酸的氧化，同时有限的氧化铝本身的吸附作用相对较弱。板材热压时高锰酸钾与欧洲赤松抽提物中含有的醇羟基、酚羟基的萜烯、类萜烯等物质发生反应，使得萜烯类物质释放量大量减少，导致添加剂对 VOC 的影响与醛类影响不同。

（3）研究发现，三种自由基引发剂对欧洲赤松中密度纤维板中醛类的控制效果与引发剂的活化能有关，活化能超过脂肪酸含有的羧基中 O—O 键的断裂能，在热压条件下导致酯类化合物的裂解，生成了更多的醛类物质。研究结果表明，只有 2, 5-二甲基-2, 5-二（叔丁基过氧化）己烷（DHBP）对欧洲赤松 MDF 的醛类释放具有明显的控制效果。由于欧洲赤松板材释放的有机酸中含有与脂肪酸结构一样的羧基，故与醛类控制作用原理一样，引发剂 DHBP 与有机酸发生了化学反应，同样使得板材 VOC 的释放得到相应的控制。

（4）添加抗氧化剂欧洲赤松中密度纤维板醛类的释放检测结果表明，所用的几种抗氧化剂对欧洲赤松醛类的释放具有控制作用，同时对板材其他 VOC 的释放具有降低作用。本章选择的抗氧化剂可以作为添加剂用于对欧洲赤松中密度纤维板醛类释放的控制。

（5）利用 23L 环境释放舱法验证了抗氧化剂 TBHQ、DLTP、BHT、BHA、EDTA 对欧洲赤松中密度纤维板中醛类和非醛类 VOC 的控制作用，其中 TBHQ 和 DLTP 的控制效果最为显著。由于抗氧化剂的作用原理不同，EDTA 在本次测试中对醛类的控制效果略逊于其余几种抗氧化剂。

参 考 文 献

龚明星，程瑞香，宋羿彤，等. 2013. 木材无机改性的方法[J]. 森林工程，29（1）：65-68

李晓平，程瑞香，翁向丽. 2006. SiO₂ 改性胶合板用脲醛树脂的研究[J]. 中国胶黏剂，15（11）：26-29

全山虎，庞凤艳. 2012. 温度对落叶松小径木异型材弦向干缩系数的影响[J]. 森林工程，28（6）：11-14

佟达，宋魁彦，张燕. 2012. 人工林胡桃楸木材纤维长度径向变异规律研究[J]. 森林工程，28（4）：5-8

周婷婷，林少华，孙荣. 2012. Fe³⁺改性 TiO₂/玻璃纤维催化剂制备优化研究[J]. 森林工程，28（3）：54-56，61

Baumann M，Lorenz L，Batterman S，et al. 2000. Aldehyde emissions from particleboard and medium fibreboard products[J]. Forest Products Journal，50（9）：75-82

Decker E A. 2002. Antioxidant mechanisms//Akoh C C，Min D B. Food Lipids-Chemistry，Nutrition，and Biotechnology[M]. 2nd ed.；New York：Marcel Dekker，Inc.：517-542

Gordon M H. 2001. The development of oxidative rancidity in foods//Pokony J，Yanishlieva N，Gordon M. Antioxidants in Food-Practical Applications[M]. Cambridge：Woodhead Publishing Limited：7-20

Koelsch C M，Downes T W，Labuza T P. 1991. Hexanal formation via lipid oxidation as a function of oxygen concentration：Measurement and kinetics[J]. Journal of Food Science，56（3）：816-820

Makowski M，Ohlmeyer M，Meier D. 2005. Long-term development of VOC emissions from OSB after hot-pressing[J]. Holzforschung，59（5）：519-523

Nawar W W. 1996. Lipids//Fennema O R. Food Chemistry[M]. 3rd ed. New York：Marcel Dekker，Inc.:225-319

Ohlmeyer M，Makowski M，Fried H，et al. 2008. Influence of panel thickness on the release of volatile organic compounds from OSB made of Pinus sylvestris L[J]. Forest Products Journal，58（1-2）：65-70

Salthammer T，Boehme C，Meyer B，et al. 2003. Release of primary compounds and reaction products from oriented strand board（OSB）[A]//Healthy Buildings. National University of Singapore Healthy Buildings[C]. International Society of Indoor Air Quality and Climate-ISIAQ，Ottawa：160-165

Schaich K M. 2005. Lipid oxidation: Theoretical aspects//Bailey A E, Swern D, Mattil K F, et al. Bailey's Industrial Oil and Fat Products[M]. sixth ed. New York: Wiley: 273-278

Shahidi F, Wanasundara P K J P D. 1992. Phenolic Antioxidants[J]. Crit Rev Food Sci Nutr, 32 (1): 67-103

Wolkoff P. 1998. Impact of air velocity, temperature, humidity and air on long-term VOC emissions from building products[J]. Atmospheric Environment, 32 (14-15): 2659-2668

第5章 抗氧化剂降低 MDF 醛类有害物质释放的优化工艺

本章选取多种抗氧化剂处理欧洲赤松 MDF，定性定量分析板材释放的醛类及其他 VOC，探讨主要工艺参数，如施胶量、板坯含水率、热压时间、热压温度及抗氧化剂配比对 MDF 醛类释放的影响。从理论上分析上述参数对 MDF 醛类及其他 VOC 释放的作用机理，同时对各工艺条件板材的力学性能及甲醛的释放进行测定。

5.1 影响 MDF 醛类释放的重要因子

通过单因素实验方法，首先考察施胶量、板坯含水率和抗氧化剂添加量对欧洲赤松 MDF 醛类及其他 VOC 释放的影响。对控制醛类及其他 VOC 释放具有重要影响作用的热压时间、热压温度及抗氧化剂的添加量和配比等影响因子，将在5.2 节中通过响应界面分析法综合分析研究。

5.1.1 工艺设计与性能测试

1. 工艺设计

本章所用材料为商业用欧洲赤松纤维，购于挪威；使用 UF337 批号的脲醛树脂胶黏剂。

选取影响板材释放的施胶量、板坯含水率和抗氧化剂添加量三个工艺参数进行单因素试验，考察工艺参数的变化对欧洲赤松中密度纤维板 VOC 释放的影响，见表 5-1。利用 Tenax TA（200ng，60～80 目）管吸附采集纤维板的 VOC，通过气相色谱-质谱分析仪对纤维板释放的 VOC 进行定性定量分析。

表 5-1 中密度纤维板热压工艺单因素实验表

施胶量/%	板坯含水率/%	抗氧化剂添加量/%	板材密度/（g/cm³）	板材厚度/mm
0/4/6/8/10/12	10	0	0.7	9
12	0/4/6/8/10/12	0	0.7	9
12	10	0.3/0.5/1.0/1.5	0.7	9

根据 4.3 节几种抗氧化剂的研究结果，从中选取降低醛类效果明显的第一类型的抗氧化剂 TBHQ，第二类型的抗氧化剂 DLTP 和金属离子螯合剂 EDTA 做进一步分析。对 TBHQ 的添加量进行单因素试验，分别考察抗氧化剂 TBHQ 和 DLTP 添加量对醛类释放的控制规律。通过检测一定配比的两种抗氧化剂对欧洲赤松板材醛类的释放情况，考察抗氧化剂的协同作用。

2. 性能测试

按照 3.1.1 小节所述热压条件制备尺寸为 40cm×40cm 的中密度纤维板，运用 23L 环境释放舱法对板材释放的 VOC 进行采集，采用 GC/MS 对欧洲赤松板材释放的 VOC 各组分进行定性和定量分析。并利用 Excel 和 Mintab 统计分析软件，对采集的数据进行回归分析和相关分析，针对欧洲赤松中密度纤维板醛类及 VOC 释放与施胶量、抗氧化剂添加量和板坯含水率的关系，通过回归分析、相关分析得到相关系数、回归方程及拟合图等，并讨论其规律性。

5.1.2　施胶量对 MDF 醛类释放的影响

本小节研究了欧洲赤松中密度纤维板施胶量的变化对醛类及非醛类释放量的影响。在施胶量为 0%、4%、6%、8%、10%和 12%的条件下，根据 ISO16000-6 测定板材在 28d 内醛类化合物的释放总量，结果如图 5-1 所示。

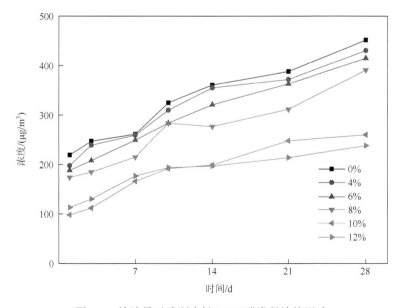

图 5-1　施胶量对欧洲赤松 MDF 醛类释放的影响

从表 5-2 和图 5-2 不同施胶量与欧洲赤松中密度纤维板醛类释放量的回归分析及拟合图上可以看出，除第 7 天和第 10 天外，P 值说明施胶量与板材醛类的释放量之间具有很好的相关性，二者呈现负相关。同时考察 P 值可以发现，施胶量对欧洲赤松中密度纤维板醛类释放量的影响显著。

表 5-2　不同施胶量与欧洲赤松中密度纤维板醛类释放量的回归分析

测试时间/d	回归方程（$y=ax^2+bx+c$）	相关系数（R）	标准差（S）	F 值	P 值
1	$y=-38.17x^2+180.10x-213.3$	0.992	0.032	67.71	*
3	$y=-16.95x^2+80.21x-95.84$	0.993	0.031	72.90	**
7	$y=-32.84x^2+160.6x-197.3$	0.970	0.065	17.06	—
10	$y=-47.23x^2+236.9x-297.9$	0.964	0.071	13.03	—
14	$y=-13.25x^2+65.66x-82.32$	0.986	0.043	36.63	**
21	$y=-12.32x^2+61.53x-77.73$	0.988	0.076	20.19	*
28	$y=-22.79x^2+117.9x-153.4$	0.939	0.092	60.98	*

**表示在 0.01 水平上显著；*表示在 0.05 水平上显著。

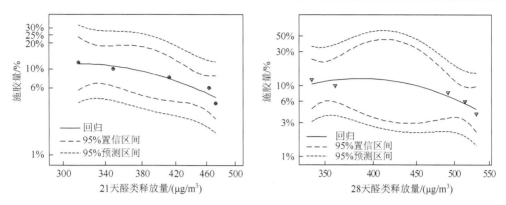

图 5-2　施胶量与欧洲赤松中密度纤维板中醛类释放量拟合图

施胶量对欧洲赤松中密度纤维板 TVOC 释放的影响如图 5-3 所示。对比施胶量对欧洲赤松板材醛类影响的测试结果发现，施胶量对板材 TVOC 的影响规律类似。

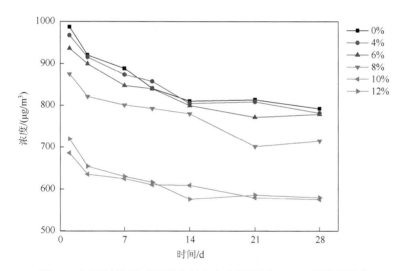

图 5-3　不同施胶量对欧洲赤松中密度纤维板 TVOC 释放的影响

经对各试件的 VOC 组分及浓度测定后发现：醛类在 VOC 各组分中所占比例最大，检测板材第 28 天的释放，板材 VOC 的浓度依次为 587μg/m³（0%）、581μg/m³（4%）、578μg/m³（6%）、514μg/m³（8%）、375μg/m³（10%）和 379μg/m³（12%），其中含有的醛类占 VOC 总量的 62%～76%。酸类是仅次于醛类的 VOC 组分，接着是萜烯类物质。测试结果表明，酸类和萜烯类物质的释放均与施胶量的关系不明显。欧洲赤松板材酸类物质中的乙酸是木材水解产物，乙酸的释放量与温度的作用更为明显。己酸是欧洲赤松板材有机酸的另外一种化合物，其释放量随施胶量的增加也略有减少，在板材释放前期（前 3 天）占板材酸类的比例较小（6.5%～8%），随着板材暴露时间的延长而呈现逐步增长趋势（52%～70%）。第 28 天己酸的释放浓度达到最大值 153μg/m³（12%）和 167μg/m³（10%），此时乙酸的释放量降低到最小值 65μg/m³（12%）和 73μg/m³（10%）。己酸释放的大量增长与乙酸释放量的锐减相抵消，使得板材中酸类的释放整体下降幅度减少，不能影响板材总体 VOC 的释放趋势。萜烯类物质，尤其是单萜类物质，在欧洲赤松木材抽提物中含量丰富，可随着板材水分的蒸发而直接扩散到周围环境中。萜烯类物质的沸点较高，释放量受温度的影响更为明显。本次检测的萜烯化合物占板材 VOC 的比例较小（小于 6%），因此施胶量对醛类的影响较大，而对非醛类 VOC 中的萜烯类和酸类的影响相对较小。同时，研究结果表明，欧洲赤松板材 TVOC 的释放规律受醛类释放规律影响更为明显。

　　从表 5-3 和图 5-4 施胶量与欧洲赤松中密度纤维板 VOC 释放量的回归分析及拟合图可以看出，与施胶量对欧洲赤松板材醛类的影响规律类似，施胶量与板材醛类的释放量之间具有很好的相关性，二者呈现负相关。结合考察 P 值可以发现，施胶量对欧洲赤松中密度纤维板 VOC 释放量的影响显著。

表 5-3　不同施胶量与欧洲赤松中密度纤维板 VOC 释放量的回归分析

测试时间/d	回归方程（$y = ax^2 + bx + c$）	相关系数（R）	标准差（S）	F 值	P 值
1	$y = -24.53x^2 + 134.7x - 185.9$	0.990	0.037	51.48	*
7	$y = -26.86x^2 + 144.5x - 195.2$	0.986	0.045	34.50	*
14	$y = -13.88x^2 + 72.29x - 95.06$	0.975	0.059	99.59	*
21	$y = -13.41x^2 + 69.89x - 92.05$	0.982	0.050	27.17	*
28	$y = -23.53x^2 + 123.6x - 163.2$	0.969	0.046	65.26	*

*表示在 0.05 水平上显著。

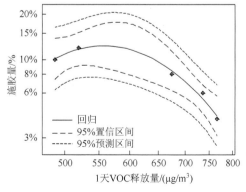
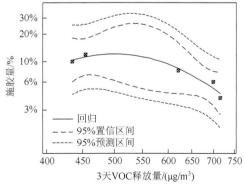

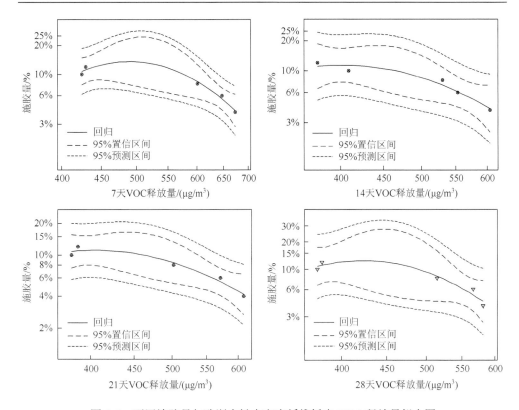

图 5-4　不同施胶量与欧洲赤松中密度纤维板中 VOC 释放量拟合图

5.1.3　板坯含水率对 MDF 醛类释放的影响

参照表 5-1，制备板坯含水率分别为 4%、6%、8%、10% 和 12% 的欧洲赤松中密度纤维板，考察为期 28d 醛类随暴露时间延长的释放情况，如图 5-5 所示。

纤维板热压时过高的板坯含水率，使得板芯的水分不能及时排出而导致鼓泡和分层现象，不但对板材力学性能产生不良影响，同时也影响板材挥发性有机化合物的释放。在保证纤维板力学符合国家标准要求的前提下，研究不同施胶量对欧洲赤松中密度纤维板 VOC 的影响。由图 5-5 可知，板材醛类释放的趋势基本相同，即随着测试时间的延长呈现逐步增长的趋势。板坯含水率增加，欧洲赤松板材醛类释放量增加明显。第 28 天测试结果表明，与板坯含水率为 4% 时板材醛类检测浓度 253μg/m³ 相比，随着板坯含水率的增加，醛类浓度依次为 287μg/m³（6%）、377μg/m³（8%）、383μg/m³（10%）和 412μg/m³（12%）。

板坯中的水分主要来自物料干燥后剩余的水分，胶黏剂中的水分和胶黏剂缩聚反应产生的水分。水分在热压工艺中的作用是热传递和软化纤维，因此板坯的含水率会影响热传递速度和热压时间。板坯热压时，热量先传递给垫板，再由垫

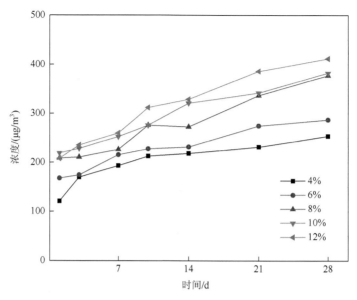

图 5-5　不同板坯含水率对欧洲赤松中密度纤维板醛类释放的影响

板传递给板坯表层，接着由表层向芯层传递。由于板坯表层最先受热，板坯含水率对板坯表层的升温速度影响很小，而板坯含水率的增大加快了芯层快速升温段的升温速度，使芯层汽化段的时间延长，延迟胶黏剂的热固化时间。板坯含水率高，使得纤维的润湿度增加，在高温高压的复杂条件下，促进了板坯原料中抽提物含有的脂肪酸水解作用产生游离脂肪酸，游离脂肪酸在受热或痕量元素（木材中含有的 Fe、Mn 等）等诱因下，发生了自氧化反应。因此，板坯含水率越高，板坯中积累的游离脂肪酸或氢过氧化物自由基（水解或氧化反应生成）越多，相应产生的醛类等挥发性有机物越多。

　　由表 5-4 和图 5-6 板坯含水率与欧洲赤松中密度纤维板醛类释放量的回归分析及拟合图可知，板坯含水率与板材醛类的释放量之间具有较好的相关性，二者呈现正相关（14 天除外）。结合 P 值可以发现，除第 1 天和第 28 天外，板坯含水率对欧洲赤松中密度纤维板醛类释放量的影响显著。

表 5-4　不同板坯含水率与欧洲赤松中密度纤维板醛类释放量的回归分析

测试时间/d	回归方程（$y = ax^2 + bx + c$）	相关系数（R）	标准差（S）	F 值	P 值
1	$y = 0.807x^2 - 3.313x + 3.438$	0.778	0.021	3.51	—
3	$y = 2.383x^2 - 10.50x + 11.60$	0.947	0.010	38.25	*
7	$y = 1.197x^2 - 5.039x + 5.305$	0.976	0.007	98.62	**
10	$y = 0.462x^2 - 1.600x + 1.46$	0.939	0.011	44.61	*

测试时间/d	回归方程（$y=ax^2+bx+c$）	相关系数（R）	标准差（S）	F 值	P 值
14	$y=-0.001x^2+0.388x-0.858$	0.954	0.009	62.48	*
21	$y=0.881x^2-4.010x+4.596$	0.962	0.009	45.87	*
28	$y=1.210x^2-5.742x+6.85$	0.923	0.012	27.14	—

**表示在 0.01 水平上显著；*表示在 0.05 水平上显著。

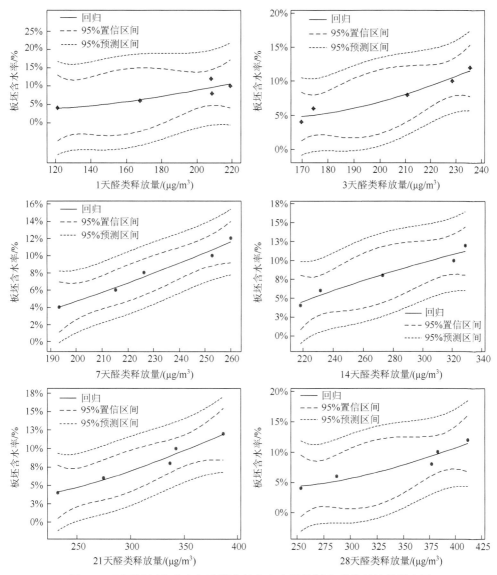

图 5-6 不同板坯含水率与欧洲赤松中密度纤维板中醛类释放量拟合图

　　板坯含水率对欧洲赤松中密度纤维板 TVOC 释放的影响如图 5-7 所示。由图可知，板坯含水率对欧洲赤松板材 TVOC 释放的影响规律与对醛类的规律类似，即欧洲赤松板材 TVOC 的释放量随板坯含水率的增加而增长。

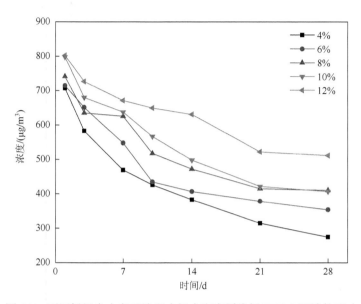

图 5-7　不同板坯含水率对欧洲赤松中密度纤维板 TVOC 释放的影响

　　对不同板坯含水率的欧洲赤松板材 VOC 的组分和浓度的测试结果表明：在板材释放前期阶段（10d 以前），酸类物质成为欧洲赤松板材主要组分，其次是萜烯、酯类和少量醇类化合物。乙酸在板材释放的酸类物质中占有重要比例，其释放量随着板材暴露时间的延长而逐渐降低，主要原因是乙酸沸点低，绝大部分来源于板材基材抽提物中。含水率 4%～12% 的试件在第 1 天时，其释放的乙酸浓度分别为 351μg/m³（4%）、355μg/m³（6%）、340μg/m³（8%）、365μg/m³（10%）和 367μg/m³（12%），第 28 天的释放量依次为 69μg/m³（4%）、73μg/m³（6%）、106μg/m³（8%）、120μg/m³（10%）和 123μg/m³（12%），由此可见，坯含水率对乙酸释放影响不明显。萜烯化合物的释放以类萜物质松油醇为主导，同时检测出少量的以 α-蒎烯、β-蒎烯和 3-蒈烯为代表的单萜类物质，该类物质包含于欧洲赤松木材抽提物中，属于首次释放 VOC。己酸和松油醇的释放主要源于热压过程中含有双键、三键、羧基等不饱和酯类键的断裂和迁移，以及萜烯类化合物的异构反应。测试结果表明：板坯含水率对二者存在一定的影响，总体规律为随板坯含水率的增加而增大。醇类及酯类的释放量较少，其中醇类释放随着板坯含水率的增加而略有增长，酯类释放与板坯含水率的关系不明显。

由表 5-5 和图 5-8 板坯含水率与欧洲赤松中密度纤维板醛类释放量的回归分析及拟合图可知,板坯含水率与板材 TVOC 的释放量之间具有较好的相关性,二者呈现负相关关系(第 7 天除外)。结合 P 值可以发现,板坯含水率对欧洲赤松中密度纤维板 TVOC 释放量的影响显著。

表 5-5 不同板坯含水率与欧洲赤松中密度纤维板 TVOC 释放量的回归分析

测试时间/d	回归方程($y=ax^2+bx+c$)	相关系数(R)	标准差(S)	F 值	P 值
1	$y=-1.705x^2+98.83x-14.33$	0.969	0.066	19.83	*
3	$y=-14.55x^2+86.8x-130.1$	0.935	0.094	19.42	*
7	$y=7.912x^2-40.54x+50.44$	0.989	0.038	90.46	**
14	$y=-10.42x^2+58.17x-82.10$	0.987	0.043	37.63	*
21	$y=-4.796x^2+27.28x-39.63$	0.975	0.059	36.70	**
28	$y=-1.206x^2+8.03x-13.82$	0.972	0.063	47.51	**

**表示在 0.01 水平上显著;*表示在 0.05 水平上显著。

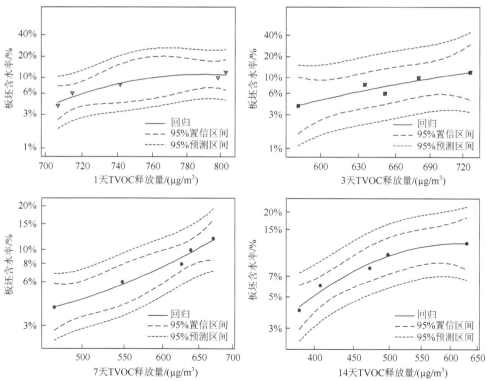

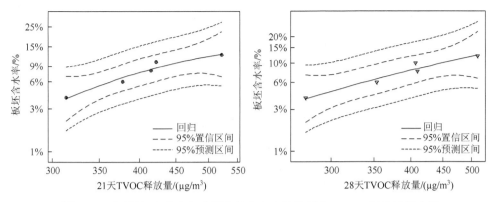

图 5-8 不同板坯含水率与欧洲赤松中密度纤维板中 TVOC 释放量拟合图

5.1.4 抗氧化剂添加量对控制 MDF 醛类释放的影响

1. TBHQ 添加量对 MDF 醛类的影响

抗氧化剂 TBHQ 添加量为 0.3%、0.5%、1.0%、1.5%制备的欧洲赤松中密度纤维板，对板材的醛类及非醛类的释放进行为期 28d 的测定，结果如图 5-9 所示，TBHQ 添加量为 0.5%的 VOC 各组分见附表 3。

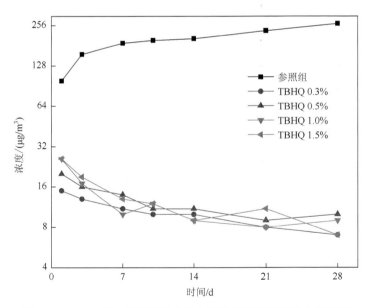

图 5-9 TBHQ 添加量对欧洲赤松中密度纤维板醛类释放的影响

附表 3 为抗氧化剂 TBHQ 添加不同水平后欧洲赤松 MDF 醛类及其他 VOC 释

放情况。相比参照组，TBHQ 处理后的板材醛类释放量有大幅度的降低。前 3 天，TBHQ 对醛类的降低率为 74%～84%（1d），88%～92%（3d）。3d 以后，在整个测试期间醛类的控制率保持在 93% 以上。高的醛类释放量意味着板材中含有高浓度的氢过氧化物或过氧化自由基，这些物质是不饱和脂肪酸自氧化的产物。由于 TBHQ 抗氧化反应中生成的苯氧自由基的活性时间具有很大差异，活性时间与抑制剂的结构有关，活性时间范围为持续数秒钟或几天。这就是 TBHQ 对醛类释放控制效果极佳的重要原因。

抗氧化剂 TBHQ 对欧洲赤松板材醛类中饱和醛的释放表现出良好的控制效果。添加水平为 0.3% 的板材释放的饱和醛的浓度为 $12\mu g/m^3$（1d）和 $6\mu g/m^3$（28d），添加量为 1.5% 的板材饱和醛释量为 $21\mu g/m^3$（1d）和 $6\mu g/m^3$（28d），而参照组的醛类释放量为 $83\mu g/m^3$（1d）和 $198\mu g/m^3$（28d）。由此可见，TBHQ 添加量为 0.3% 时已经达到了对欧洲赤松板材醛类的控制效果。饱和醛中的戊醛和己醛是欧洲赤松 MDF 醛类释放的重要组分，两者之和占醛类释放浓度的 66%～71%。在整个测试期间，在参照组板材中释放的戊醛浓度为 $11\mu g/m^3$（1d）和 $23\mu g/m^3$（28d），而所有 TBHQ 处理过的板材中均未检出该醛类。处理板材释放的己醛释放量最小（小于 $6\mu g/m^3$），而参照组中己醛的释放量范围为 $58\sim154\mu g/m^3$。2-庚烯醛和 2-癸烯醛是欧洲赤松板材检测到的主要不饱和醛类，二者之和为总不饱和醛类的 73%～81%，在整个测试期间 TBHQ 处理过的所有板材中基本未检测出这两种醛类。

2. DLTP 添加量对 MDF 醛类的影响

DLTP 处理欧洲赤松板材释放的醛类物质随测试时间的延长的趋势如图 5-10 所示，DLTP 添加量为 0.5% 的 VOC 各组分见附表 3。与参照组相比，经过 DLTP 处理的板材醛类释放量降低效果明显。10d 以后，添加水平为 0.3% 的板材醛类降低率大于 60%。从图 5-10 可以看出，7d 以后，板材释放的醛类随 DLTP 添加量的增加而降低。添加量为 1.5% 的板材醛类的释放量最低，与参照组相比醛类的降低率为 92%（14d）、94%（21d）和 95%（28d）。第 1 天，DLTP 处理板材的释放量依次为 $65\mu g/m^3$（0.3% DLTP）、$74\mu g/m^3$（0.5% DLTP）和 $51\mu g/m^3$（1.0% 和 1.5% DLTP），而第 3 天的释放量为 $87\mu g/m^3$（0.3% DLTP）、$86\mu g/m^3$（0.5% DLTP）、$61\mu g/m^3$（1.0% DLTP）和 $48\mu g/m^3$（1.5% DLTP）。由前三天处理板材醛类的释放量变化可以看出，板材原料或板材制备中产生的差异是影响欧洲赤松板材醛类释放的主要原因，而添加剂添加量对醛类释放的影响不及板材原料差异的影响。研究发现：热压之前的原料储存期间，不饱和脂肪酸自氧化反应的第二个阶段（传播阶段）生成的过氧化氢经过一段时间能够积累在原材料中。此外，DLTP 对过氧化氢的分解能力受到原料中 DLTP 浓度的限制，因此 DLTP 对欧洲赤松中密度纤维板中醛类释放的控制随添加量的变化呈现正相关的规律。

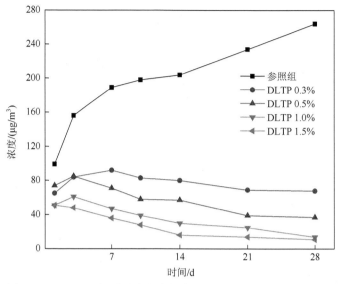

图 5-10　DLTP 添加量对欧洲赤松中密度纤维板醛类释放的影响

　　检测结果发现：己醛是本次测试中欧洲赤松板材醛类释放的最主要的组分。DLTP 处理的欧洲赤松板材己醛的释放量与总醛类的释放规律相似。0.3%的板材己醛释放量为 $34\mu g/m^3$（1d）和 $39\mu g/m^3$（28d），在整个测试期间的释放趋势是先略微增加至 $49\mu g/m^3$（7d）再平缓下降。0.5%的板材己醛释放量为 $34\mu g/m^3$（1d）和 $20\mu g/m^3$（28d），释放规律与 0.3%类似，浓度最大值出现在第 3 天（$42\mu g/m^3$）。添加量在 1%及 1.5%的板材己醛的释放规律与上述 0.3%和 0.5%类似，但是释放量有很大程度的降低，第 28 天的浓度为 $7\mu g/m^3$（1.0%）和 $4\mu g/m^3$（1.5%）。DLTP对不饱和醛释放的控制没有明显规律，在 0.3%水平时已经表现出了良好的控制效果，2-庚烯醛的释放浓度和 2-癸烯醛的浓度低于 $7\mu g/m^3$。

　　不同抗氧化剂添加量对醛类的影响规律已经十分清楚，需要考虑抗氧化剂对欧洲赤松板材中非醛类物质的影响，从而最终确定合理的添加量。

　　图 5-11 为添加抗氧化剂欧洲赤松板材在 28 天醛类和非醛类化合物的释放情况。正十二醇是 DLTP 板材中释放的主要非醛类物质（附表 4）。在第 28 天，DLTP添加水平为 1.5%的板材检测到 $216\mu g/m^3$ 的正十二醇和 $74\mu g/m^3$ 的乙酸。两者之和占板材 VOC 释放量的 89.78%。正十二醇由于是抗氧化剂合成 DLTP 的原料之一，成为不能被去除掉的杂质，对 DLTP 板材 VOC 的控制产生不利影响。因此，添加水平为 0.3%的 TBHQ 和 0.5%的 DLTP 是最适合控制本次测试用欧洲赤松中密度纤维板的醛类和其他 VOC。

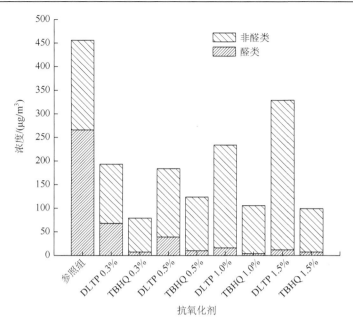

图 5-11　不同水平抗氧化剂对欧洲赤松中密度纤维板醛类和非醛类 VOC 释放的影响

5.1.5　抗氧化剂协同作用对控制 MDF 醛类的影响

抗氧化剂的协同作用是指两种或两种以上的抗氧化剂共同作用时,其抗氧化效果优于抗氧化剂单独作用效果的累加。Dziedzic 等研究主抗氧化剂与金属螯合剂(过氧基清除剂)的联合抗氧化作用,通过与仅有主抗氧化剂体系的作用效果相比较,证明了抗氧化剂协同作用的效果。自由基清除剂和金属螯合剂联合作用,螯合剂的作用是通过抑制金属离子的催化来降低氧化反应速率,减少氧化反应体系中的自由基,在一定程度上减少抗氧化剂失活的概率。与无金属螯合剂抗氧化体系相比,该体系中的抗氧化剂的浓度更高,具有更强的自由基清除能力。因此,自由基清除剂(主抗氧化剂)与螯合剂的共同作用减少了自由基的生成,增加主抗氧化剂清除氧化系统产生自由基的可能性。

木材原料中存在由多种金属离子构成的复杂体系,针叶木材中 Fe 和 Mn 含量显著。这些金属离子是引发不饱和脂肪酸氧化产生醛类的诱因。EDTA 属于金属离子螯合剂类型的抗氧化剂,与 DLTP 和 TBHQ 的作用机理不同。本小节对添加两种不同作用机理的抗氧化剂欧洲赤松中密度纤维板醛类释放进行测定,研究抗氧化剂协同作用对欧洲赤松板材醛类释放的影响。

抗氧化剂添加量分别为 DLTP 0.5%与 EDTA 0.25%(简写: DE 0.5%),TBHQ 0.5%与 EDTA 0.25%(简写: TE 0.5%),TBHQ 0.5%,DLTP 0.5%,EDT A0.5%的板材醛类释放情况如图 5-12 所示。除不稳定的释放前期,板材醛类释放量与参照组相比均呈明显下降趋势。DE 0.5%对醛类的控制效果明显优于 DLTP 0.5%，第 28 天测试结果为 68μg/m^3（参照组）、30μg/m^3（DLTP 0.5%）、20μg/m^3（EDTA 0.5%）和 16μg/m^3（DE 0.5%）。由此可见，DLTP 与 EDTA 的协同作用效果十分明显。TBHQ 在第 28 天控制醛类的效果为 7μg/m^3（TBHQ 0.5%）和 7μg/m^3（TE 0.5%），由此可以看出，TBHQ 与 EDTA 的协同作用效果不如 DLTP 与 EDTA 效果明显。产生上述现象的原因是，在不饱和脂肪酸抗氧化反应体系中 TBHQ 是过剩的，本研究中 5%的 TBHQ 已足够完成不饱和脂肪酸的抗氧化反应。两者的协同作用效果并没有显现出来。

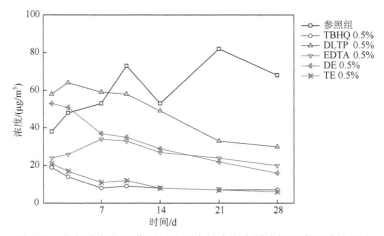

图 5-12　抗氧化剂协同作用对欧洲赤松中密度纤维板醛类释放的影响

抗氧化剂协同作用对板材醛类和非醛类 VOC 的影响如图 5-13 所示。由图可

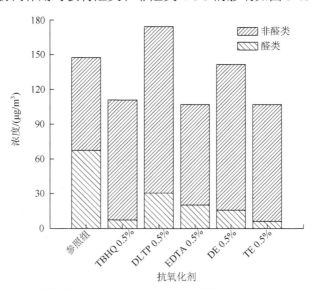

图 5-13　抗氧化剂协同作用对欧洲赤松中密度纤维板醛类和非醛类释放的影响（28d）

以看出，除 DLTP 0.5%外，其余抗氧化剂对板材 VOC 均具有有效的控制作用。DLTP 0.5%和 DE0.5%非醛类物质相对释放多的原因是，DLTP 中所含杂质正十二醇的释放量较大，浓度为 48μg/m^3（DLTP 0.5%）和 40μg/m^3（DE 0.5%），占非醛类浓度 87μg/m^3（DLTP 0.5%）和 73μg/m^3（DE 0.5%）的比例依次为 55.17%和 54.79%。此外，含有 DLTP 的板材酸类的释放量比不含 DLTP 的非醛类 VOC 多出接近一倍，但萜烯类化合物的释放与其他抗氧化剂接近。

5.2　抗氧化剂协同作用降低 MDF 醛类释放的工艺优化

5.2.1　工艺设计与性能测试

1. 材料的准备

初始含水率 6%的商业用欧洲赤松纤维，购于挪威；

脲醛树脂胶黏剂批号为 UF337；

硫代二丙酸二月桂酯（DLTP），分析纯，97.5%；

乙二胺四乙酸（EDTA），分析纯，99%；

氘代甲苯，色谱纯；

甲醇，色谱纯；

甲醛溶液，35%～40%；

乙酰丙酮，优级纯；

乙酸铵，优级纯；

蒸馏水。

2. 工艺设计

抗氧化剂 TBHQ 和 DLTP 的添加范围、两种不同类型的抗氧化剂协同作用确定后，对两种抗氧化剂降低欧洲赤松 MDF 中醛类有害物质的释放进行工艺优化，由此分别优化抗氧化剂 TBHQ、DLTP 与金属离子螯合剂 EDTA 的配比及热压条件，为有效控制欧洲赤松板材醛类物质的释放提供科学依据。利用 Design-Expert.V8.0 专业统计分析软件中的 Box-Behnken Design（BBD）进行试验设计，设计方案见表 5-6。

表 5-6　响应面设计表

序号	添加量/%	热压温度/℃	热压时间/（mm/min）	配比
1	0.6	180	15	0.2
2	0.6	200	15	0.4
3	0.9	200	15	0.6

续表

序号	添加量/%	热压温度/℃	热压时间/（mm/min）	配比
4	0.3	200	15	0.6
5	0.3	200	10	0.4
6	0.6	200	15	0.4
7	0.6	220	15	0.6
8	0.3	180	15	0.4
9	0.6	180	10	0.4
10	0.6	200	15	0.4
11	0.6	200	15	0.4
12	0.3	200	15	0.2
13	0.9	220	15	0.4
14	0.9	180	15	0.4
15	0.3	200	20	0.4
16	0.6	200	15	0.4
17	0.6	200	20	0.2
18	0.6	200	10	0.2
19	0.3	220	15	0.4
20	0.6	200	20	0.6
21	0.9	200	20	0.4
22	0.6	220	15	0.2
23	0.6	180	20	0.4
24	0.9	200	10	0.4
25	0.6	200	10	0.6
26	0.6	220	10	0.4
27	0.6	220	20	0.4
28	0.9	200	15	0.2
29	0.6	180	15	0.6

参照表 5-6 压制添加 DLTP 与 EDTA 两组欧洲赤松 MDF 试件，同时参照表 5-7 分别制备响应面分析实验的参照组试件。

表 5-7　响应面分析的参照组的工艺参数

热压温度/℃	热压时间/（mm/min）	施胶量/%	板坯含水率/%
180/200/220	10	12	10
180/200/220	15	12	10
180/200/220	20	12	10

3. 性能测试

1）中密度纤维板中甲醛的检测

根据国家标准 GB 18580—2001《室内装饰装修材料 人造板及其制品中甲醛释放限量》的规定采用气候箱法测定甲醛释放量。本节采用 15L 环境释放舱作为甲醛释放舱，舱内设置风扇，保证试样表面的空气流速为 0.15mL/s（在 0.1~0.3m/s 范围之内），以维持舱内空气充分混合。为使得甲醛释放舱内空气置换率维持在（1.0±0.05）次/h，试件释放面积为 0.007m^2，进气口流速设置为 250mL/min。释放舱的温度设置为（23±0.5）℃，相对湿度设置为（45±3）%。

甲醛采集：采用串联法用硅胶管将两个 100mL 的吸收瓶一端与释放舱出气口相连，另一端经气体流量计与气体抽样泵相连。取 25mL 蒸馏水分别置于两个吸收瓶中，作为甲醛吸附溶液。甲醛采样前断开抽样泵与吸收瓶的连接，调整气体流量计确保抽气流量为 1L/min。将试件置于环境释放舱循环 6h 后开启气体采样泵采样，从释放舱中抽取 30L 甲醛样品。

根据国家标准 GBT 17657—2013《人造板及饰面人造板理化性能试验方法》的规定，采用光度法测定甲醛浓度，检测原理是：在乙酰丙酮和乙酸铵混合溶液中，甲醛与乙酰丙酮反应生成二乙酰基二氢卢剔啶，在波长为 412nm 时，它的吸光度最大。根据 GBT 17657—2013 中 4.58.6.6 的规定，由甲醛溶液绘制甲醛标准曲线。

溶液的配制：配制体积分数为 0.4%的乙酰丙酮（$CH_3COCH_2COCH_3$）溶液。配制方法为：用移液管吸取 4mL 乙酰丙酮于 1L 棕色容量瓶中，并加蒸馏水稀释至刻度，摇匀，储存于暗处备用。配制质量分数为 20%的乙酸铵（CH_3COONH_4）溶液，配制方法为：在感量为 0.01g 的分析天平上称取 200g 乙酸铵，置于 50mL 烧杯中，加蒸馏水完全溶解后转至 1L 棕色容量瓶中，稀释至刻度，摇匀，储存于暗处备用。

甲醛萃取液的制备：先量取 10mL 蒸馏水，再从上述配制溶液中取 10mL 乙酰丙酮和 10mL 乙酸铵溶液于 50mL 带塞三角瓶中，作为甲醛空白样。分别量取 10mL 乙酰丙酮和 10mL 乙酸铵溶液于 50mL 带塞三角瓶中，再从每个吸收瓶中准确吸取 10mL 萃取液到该烧瓶中，并对两个吸收瓶进行标记。塞上瓶塞，摇匀，将甲醛萃取液与甲醛空白样一起放到（40±2）℃的恒温水浴锅中水浴 15min，然后把这种黄绿色的溶液静置暗处，冷却至室温（18~28℃）。

甲醛的紫外分析：

调零：用蒸馏水润洗比色皿若干次，取蒸馏水置于两个比色皿中放于样品池中，运用紫外分光光度计在 412nm 处测定吸光度。

空白检测：保留一个装有蒸馏水的比色皿于紫外分光光度计的样品池中，作为甲醛对比液。首先用甲醛空白样润洗比色皿三次后，取部分甲醛空白样置于第二个比色皿中作为甲醛样品分析，运用紫外分光光度计在 412nm 处进行扫描，获取甲醛空白样的吸光度（A_b）。

样品检测：与空白试验一样，保留一个比色皿为甲醛对比液。用甲醛萃取液润洗比色皿三次后，取部分甲醛萃取液置于甲醛样品比色皿中，运用紫外分光光度计在 412nm 处进行扫描，获取甲醛样品的吸光度（A_a）。

甲醛的释放量按公式（5-1）进行计算，精确至 0.1mg。

$$E = \frac{(A_a - A_b)_{v_1} \times f \times V' + (A_a - A_b)_{v_2} \times f \times V'}{V} \tag{5-1}$$

式中：E——甲醛浓度，mg/m^3；f——甲醛矫正曲线的斜率，mg/mL；A_b——空白样品的吸光度；A_a——待测液的吸光度；v_1——第一个吸收瓶；v_2——第二个吸收瓶；V'——吸收瓶内甲醛萃取液的体积，mL；V——抽取的样品体积，m^3。

2）中密度纤维板物理力学性能测试

将添加抗氧化剂压制的中密度纤维板试样和参照组置于恒温恒湿环境中调制 48h，遵循国家标准 GB/T 11718—2009《中密度纤维板》观察其是否存在鼓泡、分层、油斑、压痕等质量缺陷，并根据国家标准 GB/T 17657—2013《人造板及饰面人造板理化性能试验方法》测定其吸水厚度膨胀率，而后采用万能力学实验机测定其静曲强度、弹性模量和内结合强度，最后进行对比分析。

5.2.2　DLTP 与 EDTA 协同降低醛类释放的工艺优化

依据德国标准 AgBB-2012 对醛类及 VOC 各组分的限量要求，兼顾考虑甲醛的释放限量要求（GB18580—2001）及国家标准 GB/T 11718—2009 中对 MDF 物理力学性能的要求，检测添加 DLTP 和 EDTA 的欧洲赤松 MDF 的环保性能及力学性能，并采用响应面法对抗氧化剂协同作用的工艺进行优化。

1. 醛类及非醛类 VOC

29 组添加 DLTP 和 EDTA 的 MDF 释放的 VOC 各组分，对其 28 天的测试结果进行统计分析（第 3 天测试数据见附表 4）。为了进一步研究抗氧化剂添加量、热压温度、热压时间和抗氧化剂配比对醛类及其他 VOC 组分的交互作用，采用降维法分析醛类、酸类和 TVOC 的回归模型，响应面图如图 5-14 所示。

首先，分析抗氧化剂配比、热压温度、热压时间交互作用对板材醛类释放的影响。随着热压时间的延长，醛类释放量增加，其主要原因是延长热压时间增加了木材抽提物中不饱和脂肪酸氧化的时间；随着热压温度的升高，醛类的释放量降低，在 195℃ 基本达到最优区域，原因是随着温度的升高不饱和脂肪酸分解率

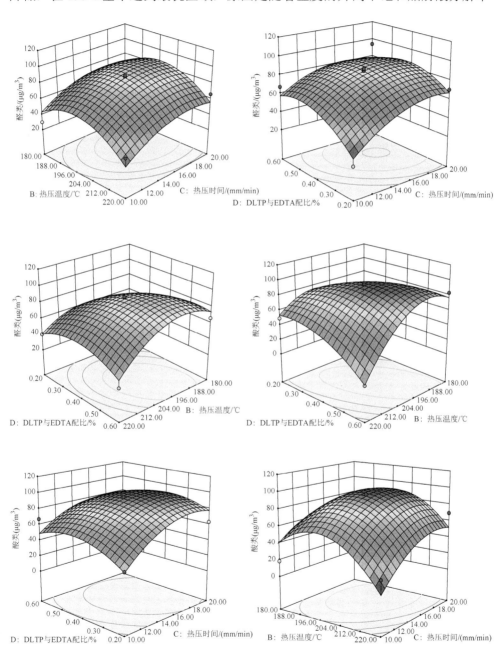

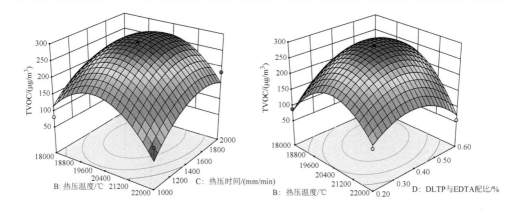

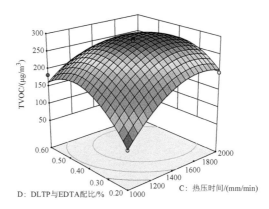

图 5-14　DLTP 与 EDTA 协同作用对欧洲赤松 MDF 醛类、酸类及 TVOC 释放与热压温度、时间、添加量和配比的响应面图（第 28 天测试结果）

提高，降解的醛类物质增多；随着 DLTP 与 EDAT 配比的增加，醛类释放量增加，在 0.2～0.38 基本达到最优化区域，随着配比的继续增加，醛类浓度迅速增长，分析原因为 DLTP 与 EDTA 配比的增长，使得抗氧化剂 DLTP 所占的比例降低，无充足的抗氧化剂来消除不饱和脂肪酸氧化产生的氢过氧化物，从而增加了醛类的释放。

　　其次，分析抗氧化剂配比、热压温度、热压时间交互作用对板材酸类释放的影响。随着热压温度的升高，酸类释放量降低，在 195℃基本达到优化区域，分析原因为温度的升高有利于占酸类较大组分的乙酸的释放，而己酸的释放受到不饱和脂肪酸分解的影响而降低；随着 DLTP 与 EDTA 配比的增长，酸类的释放量下降，在 0.24～0.56 区域释放量最大，分析原因为醛类组分中乙酸释放属于木材内部多糖的热解，因而受 DLTP 与 EDTA 配比的影响较小，配比降低和抗氧化剂 DLTP 比例的增长，均降低了不饱和脂肪酸的抗氧化能力，从而减低了己酸的释放并导致酸类的释放量下降；随着热压时间的延长，酸类的释放量增加，在 16s

基本达到优化区域，分析原因是在时间的延长促进了低沸点乙酸释放的同时，不饱和脂肪酸分解的己酸释放量也随之增加。

最后，分析抗氧化剂配比、热压温度、热压时间交互作用对板材 VOC 释放总量的影响。随着热压时间的延长，VOC 释放总量呈现持续增长的趋势；随热压温度的增加，VOC 释放总量呈现缓慢上升—稳定—下降的趋势；VOC 浓度随着配比的增加出现先增加后减少的趋势。由抗氧化剂配比、热压温度和热压时间交互作用可知，热压的适用温度小于 188℃或大于 212℃，抗氧化剂的适用配比为0.2～0.3，热压适用的时间为 10～14s。

氢过氧化物是影响醛类释放的主要化学物质，抗氧化剂（DLTP 和 EDTA）的添加量与氢过氧化物的含量有关，过多的 DLTP 会使杂质正十二醇的含量增加，导致非醛类 VOC 释放量的增加。DLTP 与 EDTA 的合理配比能有效抑制氢过氧化物的氧化反应，不合理的配比使得氧化反应不完全或抗氧化剂浪费。热压时间和热压温度的增加对醛类和萜烯释放出现相反的增长趋势，造成板材非醛类 VOC 释放量的增加。综上，为同时达到控制醛类释放、降低非醛类 VOC释放的目的，DLTP 与 EDTA 优化工艺条件为：热压温度为 183℃，热压时间为 10.21s/mm，抗氧化剂添加量为 0.3%（占纤维绝干质量），DLTP 与 EDTA 的配比为 0.2。

2. DLTP 与 EDTA 协同作用对 MDF 物理力学性能的影响

对添加不同抗氧化剂的欧洲赤松 MDF 的各项物理力学性能进行测定，结果如图 5-15 所示。

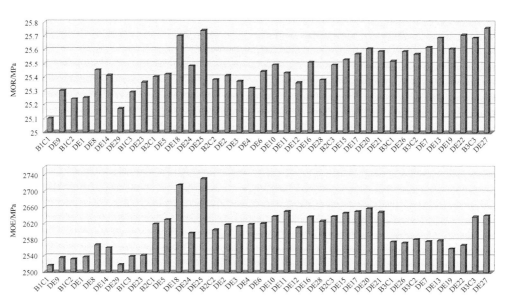

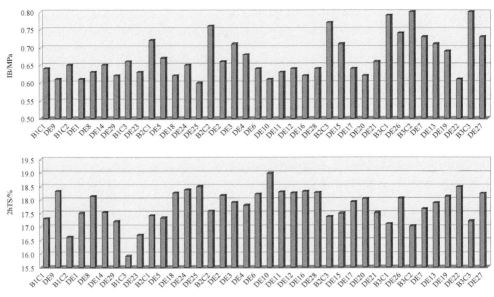

图 5-15　抗氧化剂协同作用对欧洲赤松中密度纤维板物理力学性能
（MOR、MOE、IB、2hTS）的影响

由图 5-15 可以看出，随着热压时间和热压温度的增长，板材力学性能均有一定的增加。与参照组（B1C1，B1C2，B1C3，B2C1，B2C2，B2C3、B3C1，B3C2，B3C3）相比，添加抗氧化剂板材的 MOR、MOE 和 2hTS 有所增长，而 IB 有所下降。添加了抗氧化剂的板材力学性能达到国家标准 GB/T 11718—2009《中密度纤维板》的要求。在 180～220℃的热压温度变化区间内，添加了抗氧化剂的板材，降低纤维之间的空隙，热压温度的提高使纤维之间的胶黏剂固化完全，从而提高了纤维之间的结合力，增强了纤维之间的胶接强度。

随着热压时间的延长，板坯的温度上升，水分不断气化蒸发的同时不断进行热传递，胶黏剂进一步缩聚固化，纤维逐渐塑化和紧密化，在胶黏剂基本固化后，纤维板达到一定的密实程度，提高了纤维板的胶合强度。由于热压时间的延长使整个板坯受热均匀而充分，板材的芯层纤维之间胶接界面结合得更牢固，从而使板的内结合强度提高。不溶于水的粉末状抗氧化剂在一定程度上增加了板材的密度，而密度与板材力学强度具有正相关关系，故板材静曲强度和弹性模量相对参照组有所增加。抗氧化剂的加入对胶液在纤维中的分散具有阻碍作用，影响胶黏剂的性能，而热压时间使纤维板回弹引起厚度增加，导致纤维板的含水率降低，使厚度膨胀增大。

5.3　本 章 小 结

（1）欧洲赤松中密度纤维板醛类的释放随着施胶量的增加而降低，而施胶量对欧洲赤松纤维板的影响是有一定范围的。4%施胶量时醛类的释放量与 6%释放量接近，而施胶量 10%与施胶量 12%板材释放的醛类浓度接近。从而推断本次测试用欧洲赤松纤维板的施胶量对醛类释放具有明显影响的范围大致为 6%～10%。

（2）欧洲赤松中密度纤维板醛类的释放随着板坯含水率的增加而增加，其中醛类的释放量在 VOC 中占有较大比例，而含水率对板材中其他 VOC 组分无明显影响。

（3）欧洲赤松中密度纤维板醛类的释放随着 DLTP 添加量的增加而增加，但DLTP 对其他非醛类物质的释放有不利影响，其中正十二醇的贡献最大。正十二醇由于是 DLTP 合成中的原料而不能被去除。综合考虑 DLTP 对醛类和非醛类释放的影响，确认 0.5%的添加量是最为适合 MDF 醛类释放控制的添加量。

（4）欧洲赤松中密度纤维板醛类的释放随着 TBHQ 添加量的增加而没有显示出增加或下降的趋势。同时考察 TBHQ 对非醛类 VOC 释放的影响，发现 TBHQ对非醛类 VOC 的释放并没有不利影响。同时与参照组对比发现，添加 0.3%与添加 1.5%的 TBHQ 对板材醛类释放控制效果类似，尤其是在测试结束时两种不同添加量的醛类释放量相同。试验结果表明，0.3%添加量是较为适合 MDF 醛类释放控制的添加量。

（5）DLTP 与 EDTA 协同作用效果优于 DLTP 或 EDTA 单独作用时控制效果，说明 DLTP 与 EDTA 在对欧洲赤松 MDF 的醛类控制中发生了协同作用。根据测试结果分析，协同作用对板材非醛类组分释放的不利影响不明显。

（6）TBHQ 与 EDTA 协同作用效果并没有在本次测试中表现出来。TBHQ 的添加量为 0.5%时，其在控制板材醛类释放的抗氧化反应中已经过剩，此时 EDTA对醛类释放的控制作用尚未表现出来，因此 TBHQ 与 EDTA 的协同作用效果不如DLTP 与 EDTA 的作用效果。

（7）DLTP 与 EDTA 优化工艺条件为：热压温度为 183℃，热压时间为10.21s/mm，抗氧化剂添加量为 0.3%（占纤维绝干质量），DLTP 与 EDTA 的配比为 0.2。

参 考 文 献

宫本康太，塔村真一郎，井上明生. 2006. Aldehyde and volatile organic compound emissions from laminated veneer lumber[J]. 木材学会志，52（2）：113-118

Dziedzic S Z，Robinson J L，Hudson B J F. 1986. Fate of propylgallate and diphosphatidylethanolamine in lard during autoxi-dation at 120℃[J]. Agric Food Chem，34：1027-1029

Karahadian C，Lindsay R C. 1988. Evaluation of the mechanism of dilauryl thiodipropionate antioxidant activity[J]. Journal of the American Oil Chemists' Society，65（7）：1159-1165

附表 1　添加自由基引发剂的欧洲赤松中密度纤维板 VOC 组分浓度（μg/m³）

化合物	1d				14d				28d			
	参照组	DHBP	TBHP	DTBP	参照组	DHBP	TBHP	DTBP	参照组	DHBP	TBHP	DTBP
醛类												
戊醛	3	3	5	5	8	7	9	11	9	8	13	12
己醛	29	26	37	41	50	41	61	53	56	52	107	45
糠醛	19	14	21	19	9	6	9	9	5	4	6	5
辛醛	ND	ND	ND	1	2	ND	ND	2	1	1	2	2
壬醛	2	1	2	2	2	2	1	ND	ND	2	ND	4
苯甲醛	4	4	6	6	4	3	5	5	4	4	6	6
庚醛	1	1	2	2	ND	2	3	3	2	ND	3	ND
2-庚烯醛	3	2	4	5	4	3	5	6	4	4	6	6
2-辛烯醛	2	1	2	2	4	3	6	7	4	5	8	10
2-癸烯醛	1	ND	1	1	2	2	2	2	ND	2	2	3
其他醛类	19	2	ND	5	8	0	17	6	11	0	13	0
醛类总量	83	54	80	89	93	69	118	104	96	82	166	93
萜烯												
α-蒎烯	27	7	13	12	3	1	2	2	1	ND	1	1
3-蒈烯	16	25	29	28	ND	11	12	17	ND	ND	ND	ND

续表

化合物	1d				14d				28d			
	参照组	DHBP	TBHP	DTBP	参照组	DHBP	TBHP	DTBP	参照组	DHBP	TBHP	DTBP
柠檬烯	2	1	2	2	ND	ND	ND	ND	ND	ND	ND	ND
萜品油烯	37	36	21	19	ND	ND	ND	ND	ND	ND	ND	ND
松油醇	294	197	325	319	48	36	56	55	15	13	18	16
长叶烯	10	8	13	12	ND	2	2	2	ND	ND	ND	ND
其他萜烯	23	8	11	25	14	4	7	6	1	ND	2	6
萜烯总量	409	282	414	417	65	54	79	82	17	13	21	23
酸类												
乙酸	462	370	474	470	258	243	302	267	168	117	190	198
己酸	3	4	6	6	11	12	16	15	14	19	30	32
酸类总量	465	374	480	476	269	255	318	282	182	136	220	230

注：ND 表示未检出。

附表 2 不同抗氧化剂处理欧洲赤松中密度纤维板后释放的主要 VOC 成分浓度（μg/m³）

化合物	3d						14d						28d					
	参照组	EDTA	DLTP	TBHQ	BHT	BHA	参照组	EDTA	DLTP	TBHQ	BHT	BHA	参照组	EDTA	DLTP	TBHQ	BHT	BHA
醛类																		
戊醛	4	2	ND	ND	ND	ND	6	3	ND	ND	ND	ND	6	2	ND	ND	ND	ND
己醛	18	10	9	4	3	4	33	16	3	2	2	2	42	13	1	1	1	2
苯甲醛	3	2	3	2	4	2	3	2	1	ND	ND	ND	4	2	ND	ND	ND	ND
糠醛	10	8	8	9	13	8	3	4	3	3	5	4	3	2	1	2	3	2
壬醛	4	2	2	2	2	2	2	1	ND	ND	ND	ND	3	1	ND	ND	ND	ND
其他醛类	6	2	2	ND	1	1	7	2	2	ND	ND	ND	11	1	ND	ND	ND	ND
萜烯																		
α-蒎烯	2	3	3	5	3	4	ND	1	ND	1	1	1	1	ND	ND	ND	ND	ND
3-蒈烯	1	1	1	2	2	2	ND	ND	ND	ND	ND	ND	ND	ND	ND	ND	ND	ND
松油醇	147	151	216	220	272	195	12	21	36	31	40	38	5	4	6	7	9	9
其他萜烯	10	9	14	18	39	10	ND	ND	74	ND	18	ND	ND	ND	45	ND	21	ND
十二醇	ND	ND	60	ND	ND	ND	ND	ND	ND	ND	ND	ND	ND	ND	ND	ND	ND	ND
2-己醇	13	15	11	22	19	17	ND	ND	ND	1	1	1	ND	ND	ND	ND	ND	ND
乙酸	427	331	339	326	390	313	136	159	152	136	152	151	65	80	49	96	96	98
己酸	5	3	3	6	3	4	5	4	2	ND	ND	1	14	3	ND	ND	ND	ND
其他 VOC		26												ND				
醛类总量	45	26	24	16	23	17	53	27	9	5	7	6	71	21	3	4	4	4

续表

化合物	3d						14d						28d					
	参照组	EDTA	DLTP	TBHQ	BHT	BHA	参照组	EDTA	DLTP	TBHQ	BHT	BHA	参照组	EDTA	DLTP	TBHQ	BHT	BHA
萜烯总量	160	163	234	240	316	211	12	22	36	32	59	39	6	4	6	7	30	9
TVOC	670	563	694	642	792	604	207	214	275	179	225	207	159	108	102	106	132	114
DLTP	ND	ND	12	ND	ND	ND	ND	ND	8	ND	ND	ND	ND	ND	4	ND	ND	ND
TBHQ	ND	ND	ND	36	ND	ND	ND	ND	ND	25	ND	ND	ND	ND	ND	19	ND	ND
BHT	ND	ND	ND	15	7365	5	ND	ND	ND	4	4887	ND	ND	ND	ND	3	5510	ND
BHA	ND	ND	ND	ND	1	1315	ND	ND	ND	ND	ND	1291	ND	ND	ND	ND	ND	1198

注：ND 表示未检出。

附表 3　抗氧化剂添加量为 0.5% 的欧洲赤松中密度纤维板释放的主要 VOC 成分浓度（μg/m³）

化合物	1d			3d			7d			14d			21d			28d		
	参照组	DLTP	TBHQ	参照组	DLTP	TBHQ	参照组	DLTP	TBHQ	参照组	DLTP	TBHQ	参照组	DLTP	TBHQ	参照组	DLTP	TBHQ
醛类																		
戊醛	11	6	ND	14	7	ND	19	5	ND	22	4	ND	22	3	ND	23	2	ND
己醛	58	34	3	89	43	3	109	36	3	123	28	2	133	22	2	154	20	2
苯甲醛	3	5	2	5	4	3	5	3	2	5	4	2	7	2	1	7	2	2
辛醛	2	2	ND	3	2	ND	3	2	ND	3	2	ND	5	ND	ND	5	ND	ND
壬醛	3	3	2	7	4	2	6	4	2	6	4	3	8	2	2	8	2	3
2-辛烯醛	4	3	ND	9	5	ND	15	5	ND	16	4	ND	21	3	ND	24	3	ND
2-庚烯醛	5	3	ND	10	5	ND	13	4	ND	14	3	ND	17	2	ND	18	2	ND
2-癸烯醛	2	3	2	5	4	1	8	4	ND	8	3	ND	12	2	ND	14	2	ND
其他醛类	8	14	11	11	12	8	11	8	7	8	5	4	9	3	4	13	2	3
酸类																		
乙酸	419	455	367	400	401	354	259	181	213	153	171	149	107	82	122	75	65	108
己酸	5	5	3	16	8	2	36	9	3	53	10	2	58	7	2	103	10	3
醇类																		
正十二醇	ND	64	ND	ND	71	ND	ND	74	ND	ND	65	ND	ND	51	ND	ND	51	ND
2-乙基-1-己醇	27	ND	23	17	24	17	5	8	7	1	2	2	1	ND	ND	1	ND	ND
萜烯总量	39	77	45	24	40	25	12	14	13	1	4	4	ND	2	2	ND	2	2
醛类总量	96	73	20	153	86	17	189	71	14	205	57	11	234	39	9	264	35	10

续表

化合物	1d 参照组	1d DLTP	1d TBHQ	3d 参照组	3d DLTP	3d TBHQ	7d 参照组	7d DLTP	7d TBHQ	14d 参照组	14d DLTP	14d TBHQ	21d 参照组	21d DLTP	21d TBHQ	28d 参照组	28d DLTP	28d TBHQ
酸类总量	424	459	370	416	410	357	295	190	216	206	180	151	165	89	124	178	75	110
醇类总量	27	64	23	17	95	17	5	82	7	1	67	2	1	51	ND	1	51	ND
酯类总量	33	6	30	23	30	23	9	13	11	1	3	3	ND	1	1	ND	ND	ND
其他 VOC	5	2	ND	4	3	ND	7	4	1	7	4	1	9	3	3	11	1	1
DLTP	ND	7	ND	ND	7	ND	ND	7	ND	ND	6	ND	ND	6	ND	ND	5	ND
TBHQ	ND	ND	12	ND	ND	14	ND	ND	17	ND	ND	16	ND	ND	17	ND	ND	18
TVOC	624	689	500	638	671	452	517	380	279	421	321	188	408	189	157	456	170	142

注：ND 表示未检出。

附表 4　DLTP 处理欧洲赤松中密度纤维板释放的主要 VOC 成分浓度 （μg/m³）

化合物	1d					3d					7d					28d				
	参照组	0.3%	0.5%	1.0%	1.5%	参照组	0.3%	0.5%	1.0%	1.5%	参照组	0.3%	0.5%	1.0%	1.5%	参照组	0.3%	0.5%	1.0%	1.5%
戊醛	11	5	6	3	3	15	6	7	4	3	19	7	5	3	2	24	5	2	1	ND
己醛	58	34	34	22	20	89	46	43	28	22	109	49	36	21	15	154	39	20	7	4
苯甲醛	3	3	5	4	4	6	5	4	3	3	5	4	3	3	3	7	3	2	2	2
辛醛	2	1	2	1	1	3	2	2	2	1	3	2	2	1	1	6	1	ND	ND	ND
壬醛	3	3	3	3	3	7	3	4	4	2	6	4	4	2	2	8	3	2	2	2
其他饱和醛	6	7	11	12	10	5	5	8	8	9	9	4	5	6	6	ND	1	ND	ND	2
饱和醛总量	83	53	60	45	41	125	67	67	49	40	151	70	55	36	29	198	52	28	12	10
2-辛烯醛	4	2	3	2	3	9	5	5	3	2	15	7	5	2	2	24	5	3	ND	ND
2-庚烯醛	5	4	3	2	2	10	11	5	3	2	13	6	4	2	1	18	4	2	ND	ND
其他不饱和醛类	4	6	7	2	5	8	4	9	6	4	10	5	7	3	2	24	4	2	ND	ND
不饱和醛总量	13	12	13	6	10	27	20	19	12	8	38	18	16	8	5	66	13	7	ND	ND
醛类总量	96	65	96	51	51	153	87	86	61	48	189	88	71	44	34	264	65	35	12	10
正十二醇	ND	21	64	118	87	ND	25	71	142	174	ND	37	74	166	222	ND	27	51	137	216
乙酸	419	318	455	323	338	400	243	401	319	283	259	202	181	229	196	75	72	65	71	74
TVOC	624	510	689	624	616	638	431	671	623	613	517	374	380	493	512	456	192	170	242	323

注：ND 表示未检出。

附表 5　DLTP 与 EDTA 协同作用对欧洲赤松 MDF 释放的主要 VOC 成分（第 3 天测试结果）

化合物	B1C1	DE9	B1C2	DE1	DE8	DE14	DE29	B1C3	DE23	B2C1	DE5	DE18	DE24	DE25	B2C2	DE2	DE3	DE4	DE6
醛类																			
戊醛	24	17	28	11	7	6	19	32	18	30	16	11	21	9	33	28	19	21	19
己醛	89	76	95	41	43	45	41	105	39	99	55	42	67	39	106	87	45	62	46
苯甲醛	5	4	6	4	4	5	5	6	5	6	5	4	4	3	6	4	3	4	3
辛醛	6	5	8	5	2	3	3	11	4	7	3	3	6	2	7	5	2	3	2
壬醛	8	5	8	4	4	3	4	15	7	9	5	4	4	3	9	6	3	4	3
2-辛烯醛	2	3	4	3	5	5	3	5	4	4	3	3	3	3	5	3	3	3	3
2-庚烯醛	3	2	4	2	5	2	3	4	3	3	2	3	2	2	4	3	2	3	2
2-癸烯醛	9	4	10	6	4	2	2	9	4	9	5	2	6	2	9	6	2	2	2
其他醛类	7	7	6	7	6	5	3	8	7	6	5	3	7	3	6	4	3	3	3
酸类																			
乙酸	413	321	410	321	397	388	259	401	279	403	368	359	398	337	428	390	337	379	347
己酸	3	2	6	2	8	8	11	15	12	11	9	11	6	8	16	6	8	11	8
醇类																			
十二醇	ND	52	ND	52	71	75	56	ND	55	ND	87	96	42	101	ND	46	98	56	109
2-乙基-1-己醇	17	12	21	12	20	24	5	29	16	23	24	19	12	20	25	13	18	19	17
萜烯总量	24	21	23	27	28	25	30	31	28	23	25	21	22	28	26	23	24	21	25
醛类总量	153	123	169	83	80	76	83	195	91	173	99	75	120	66	185	146	82	105	83
酸类总量	416	323	416	323	405	396	270	416	291	414	377	370	404	345	444	396	345	390	355

续表

化合物	B1C1	DE9	B1C2	DE1	DE8	DE14	DE29	B1C3	DE23	B2C1	DE5	DE18	DE24	DE25	B2C2	DE2	DE3	DE4	DE6
醇类总量	17	64	21	64	91	99	61	29	71	23	111	115	54	121	25	59	116	75	126
醛类总量	23	20	14	17	19	22	18	29	21	25	21	18	22	19	28	22	19	18	16
其他 VOC	5	3	5	5	9	5	5	5	4	8	5	5	4	9	9	4	9	5	7
DLTP	ND	21	ND	17	32	22	24	ND	20	ND	33	41	29	32	ND	31	21	32	43
VOC 总量	638	554	648	519	632	623	467	705	506	666	638	604	626	588	717	650	595	614	612

化合物	DE10	DE11	DE12	DE16	DE28	B2C3	DE15	DE17	DE20	DE21	B3C1	DE26	B3C2	DE7	DE13	DE19	DE22	B3C3	DE27
醛类																			
戊醛	23	24	23	22	23	35	27	21	31	19	41	33	42	33	19	28	38	45	34
己醛	56	57	59	54	55	114	65	45	69	41	119	75	121	80	59	87	89	129	75
苯甲醛	5	6	5	6	5	8	6	4	5	3	8	5	8	6	4	4	5	8	5
辛醛	3	2	3	2	2	7	4	3	4	3	6	4	6	4	3	5	4	7	2
壬醛	3	3	3	3	3	9	3	3	3	2	11	8	11	8	5	6	5	11	3
2-辛烯醛	3	4	3	3	4	5	4	4	5	3	5	4	5	5	3	3	4	5	4
2-庚烯醛	2	2	2	2	2	4	2	2	2	2	6	2	6	4	4	4	4	7	3
2-癸烯醛	3	2	2	3	2	9	3	3	4	3	9	2	9	6	4	6	5	9	2
其他醛类	4	3	3	4	3	6	5	4	5	3	8	3	8	4	4	4	3	8	3
酸类																			
乙酸	367	368	369	367	365	418	385	345	397	312	411	387	417	389	357	390	380	401	378
己酸	8	7	8	6	8	13	8	6	6	5	19	11	19	21	15	9	14	13	11

续表

化合物		DE10	DE11	DE12	DE16	DE28	B2C3	DE15	DE17	DE20	DE21	B3C1	DE26	B3C2	DE7	DE13	DE19	DE22	B3C3	DE27
醇类	十二醇	92	93	91	93	92	ND	72	87	65	99	ND	75	ND	55	79	46	63	ND	97
	2-乙基-1-己醇	17	17	18	17	17	26	19	14	12	15	29	19	30	25	23	13	21	27	16
萜烯总量		22	23	22	21	22	29	24	21	24	24	31	24	29	21	18	23	19	28	19
醛类总量		102	103	103	99	99	197	119	89	128	79	213	136	216	150	105	146	157	229	131
酸类总量		375	375	377	373	373	431	393	351	403	317	430	398	436	410	372	399	394	414	389
醇类总量		109	110	109	110	109	26	91	101	77	114	29	94	30	80	102	59	84	27	113
酯类总量		21	22	21	23	21	31	26	22	29	21	33	24	32	26	25	22	22	35	24
其他 VOC		10	9	9	10	10	9	11	9	11	8	13	10	14	12	11	7	9	16	11
DLTP		33	32	33	34	33	ND	23	43	19	63	ND	36	ND	31	35	31	29	ND	29
VOC 总量		639	642	641	636	634	723	664	593	672	563	749	686	757	699	633	656	685	749	687

注：ND 表示未检出。